현장안전관리자를 위한 어드바이스 24

작업 현장의 안전 관리

현장안전관리자를 위한 어드바이스 24

작업 현장의 안전 관리

히구치 이사오 지음 | 조병탁, 이면헌 옮김

인재NO

머 리 말

〈작업 현장의 안전 관리〉는 1996년 1월부터 2년(24개월)에 걸쳐 중재방(中災防) 월간지 〈안전〉(현재는 〈일하는 사람들의 안전과 건강〉)에 시리즈로 게재한 것을 토대로 작성한 것입니다.

㈜도시바에서 37여 년 남짓 안전보건관리를 담당했던 제가, 각 방면에서 지도와 질책을 받았던 여러 항목들 중에서 관계자가 참고하면 좋을 것 같은 24개의 항목을 테마로 정리했습니다.

다만 월간지에 게재할 당시에는 노동안전보건 매니지먼트 시스템(OSHMS)이나 리스크 어세스먼트(Risk Assessment) 등의 사고방식이 지금처럼 왕성하지 않았고, 기업의 경영 환경이 지금처럼 어렵지는 않았습니다. 이후 저는 중재방 오사카 안전보건교육센터의 비상근 강사를 맡아 RST(Roudosyo Safety and health education

Trainer) 강좌를 시작으로 여러 강좌를 담당했습니다. 자연스럽게 전국의 많은 기업에서 참가하는 수강자들과 접촉할 기회가 많아졌고, 이를 통해 현재 기업들의 실태나 노동환경이 크게 변하고 있다는 것을 거꾸로 배우게 되었습니다. 이 경험들을 토대로 앞서 설명한 어드바이스 24개 항목을 보다 더 최근 실태에 맞도록 내용을 추가했고, 이후에 발생한 몇 가지 테마들을 추가하여 정리한 것이 이 책입니다.

기업에 따라 이에 대한 기본 이념이 다르고, 대응 방법도 천자만별인 것이 현 실태라고 생각합니다. 따라서 이 책은 '무엇을 해야 하는가(Know What)'라든지 '어떻게 해야 하는가(Know How)'에 초점을 맞춘 것은 아닙니다. 안전 관리를 위해서 안전이라는 '씨'를 뿌리고, 그것을 어떻게 땅에서 싹을 틔우고 길러서 '재해제로'라는 과실을 수확하는지에 관해 다루었습니다. 이는 곧 지혜이자, 궁리(수단)이며, 실천이라고 생각합니다. 이러한 의미에서 이 책을 전국의 수많은 현장안전관리자들이 참고한다면 저는 정말 기쁠 것입니다.

저는 상당한 애연가입니다. 금연가나 담배를 싫어하는 사람들에게 질책을 받을지도 모르지만, 이 책을 쓰는 동안 일이 일단락될 때마다 담배 한 대를 피웠습니다. 이 담배 한 모금은 저의 기분을 상당히 전환시켜주고, 다음 아이디어를 생각해내기 위해 필요한, 정말 유용한 청량제입니다. 물론 독자 여러분들은 어이없다고 생각할지도 모르겠습니다.

다른 이야기를 하자면, 주인이 마음을 담아 한 잔의 차를 준비하고 손님을 대하는 것을 다도라고 합니다. 여기에서 주인과 손님 간에 좋은 커뮤니케이션이 이루어지고, 서로의 마음을 이해하게 됩니다. 한 잔의 차가 정보 교류의 장이 되고, 이것이 또 다음의 만남으로 이어지면 가장 좋습니다.

이런 생각을 담아서 이 책 곳곳에 '잠시 쉬어가는 자리'라는 부록을 넣었습니다. 독자분들이 TBM(Tool Box Meeting)이나 안전교육에서 이 부록을 이용하신다면 도움이 되실 겁니다.

히구치 이사오(樋口 勳)

목 차

제2장 비정상 작업의 안전 관리

제3장 4M + 'M'의 관리를 강화한다

제1장

현장안전관리자를 위한 어드바이스

1. 시대 변화에 따른 대응

현재 우리를 둘러싸고 있는 경영 환경은 수년 전과 비교해서 크게 변화하고 있다. 기업들은 저마다 존속을 위해 최신 기술 및 제품 개발, 독자적인 기술 보유, 생산체제의 확립 등을 통해 기업의 차별화를 진행하고 있다. 이러한 차별화를 위해 조직 개혁을 추진하면서 노동 환경도 크게 변화하고 있다.

기업 내 근로자의 구성 비율을 보면, 고령자의 취업 인구가 증가하면서 젊은층 근로자와 고령층 근로자가 혼재되고 있다. 또한 파견 노동자, 파트타임 아르바이트 등의 비정규직 노동자와 외국인 노동자도 증가하고 있다. 이처럼 직장의 근로자들을 살펴보면 점차 각양각색으로 혼재되는 양상이 되고 있다.

한편 생산방식을 보면 기계화, 정보화, 자동화가 진행되고, 최첨단 기술이 사용되고 있다. 이를 다른 측면에서 보면 이전에는 상상도 할 수 없었던 사고 · 재해의 발생 가능성을 포함하고 있다고 할 수 있다. 이 때문에 종래의 유기용제 중독 예방규칙, 특정 화학물질 장해 예방규칙 등과 같이 새로운 원재료에도 이러한 예방 규칙 등을 도입하고 있다.

글로벌화, 보더리스(borderless, 탈경계)화가 진행 중인 시대에서 이러한 사고 · 재해의 발생은 국내의 대응만으로는 부족하고, 점차 국제적인 대응이 필요하게 되었다(그림 1-1, 1-2).

이렇듯 변화하는 직장 환경에서 안전 관리를 진행하기 때문에 수년 전의 수법과 수단만으로 사물을 생각한다면 안전 관리가 이루어지기 매우 어렵다는 것을 인식해야 한다. 즉, 새로운 시대의 변화에 대처하기 위한 안전 관리 방법들을 생각해야 한다.

그래서 나타난 것이 '노동안전과 보건 매니지먼트 시스템(OSHMS, Occupational Safety and Health Management Standard)'과 '리스크 어세스먼트(R/A, Risk Assessment)'라고 생각한다. 특히 리스크 어세스먼트는 대부분 유럽연합(EU) 국가들을 중심으로 진행되어왔지만, 현재는 국제 안전에 있어서 필수 조건이 되었다. 모든 안전 관리는 리스크 어세스먼트의 실시로부터 시작된다고 해도 과언이 아니다.

OSHMS에 관한 지침(1999년 4월 30일 기발 제53호) 제6조에서는

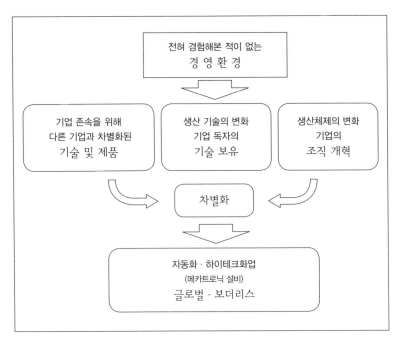

그림 1-1   시대(경영환경)의 변화

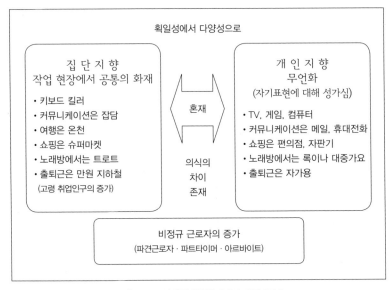

그림 1-2   시대의 변화(직장의 인원 구성)

사업장의 기계·설비, 화학물질 또는 유해요인을 특정하는 수순을 정하고 있으며, 그 수순에 의거하여 위험요인을 특정하고 있다. 또한 노동안정위생법의 '사내 규정에서 실시해야 할 사항 및 전항(前項)'에서 특정하고 있는 위험요인과 유해요인을 제거하기 위한 수순을 정한 후, 그 수순에 따라 실시하고 있다.[1]

예전의 안전 관리는 재해 발생의 원인을 조사하여 그 대책을 횡으로 전개하는 것에 중점을 두고 있었다. 그러나 지금은 전체적으로 재해 발생의 건수가 감소하고 있어 재해에 대한 경험 또는 대책의 사례들도 적어졌다. 이 때문에 재해까지는 일어나지 않지만, 섬뜩하고 놀라운 한 사례의 위험을 제거하고자 하는 '아차사고(히야리 핫도)운동'[2]이 벌어지고 있다.

OSHMS의 기본 사고는 섬뜩하고 놀라운 한 사례를 더 깊이 파악하여 잠재적인 재해요인으로부터 벗어나고자 하는 것이다. 이를 위한 수법으로 리스크 어세스먼트가 가장 좋다. 이는 기존에 우리가 알고 있던 '재해제로운동'에서 실시한 위험예지훈련(이하 KYT)에서 시작된 것이다(그림 1-3).

---

1 노동안전보건 매니지먼트 시스템에 관한 지침은 2006년 3월 10일 후생노동성 고시 113호에 의해 개정되었다. 제6조는 새롭게 개정된 내용에서 삭제되었다. 安全衛生情報センター, 法令一覧, http://www.jaish.gr.jp. 참조

2 아직 사고로 일어나지 않았지만 앞으로 큰 사고로 이어질지도 모르는 실수를 말한다. 만약 중대한 사고가 발생했을 때에는 사고가 나기 전에 '깜짝 놀라거나 섬뜩한 사건', 즉 아차하는(히야리 핫도)사고가 잠재하고 있을 가능성이 있다. 그래서 직장이나 작업 현장에서 경험한 '아차사고' 사례를 통해서 정보를 공유하고, 경험을 축적하여 미연에 중대한 재해나 사고를 방지하고자 하는 운동이다.

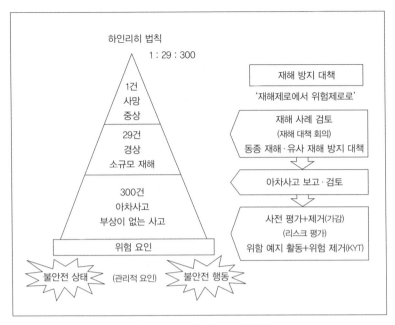

그림 1-3 KYT와 리스크 어세스먼트

　중앙노동재해방지협회(중재방)에서 있었던 정담(鼎談)에서 주식회사 아사히유리(旭硝子)의 환경안전보안 총괄 본부장 아마미야(雨宮) 부사장은 이와 같은 말을 했다.

　"우리 회사가 OSHMS를 도입할 때 즈음 리스크 어세스먼트도 도입하게 되었습니다. 예전부터 계속해왔던 소집단 활동이나 KYT의 경험으로 작업 현장에서 일어나는 위험에 대한 직원의 이해도가 이미 높았기 때문에 리스크 어세스먼트가 안착하는 데 큰 이점이 된 것 같습니다."(〈일하는 사람의 안전과 건강〉 Vol.4, No.4, 2003).

　리스크 어세스먼트는 단순히 작업 현장의 위험 유해 요인을 발견하는 수단이 아니라, 특정한 위험 요소를 제거하고 낮추기 위한 방법이다. 어디서부터 위험 요소를 낮출 것인지, 낮추었을 때 효과는 어떤지에 대한 부분과 투자 효율을 고려하여 어떤 위험 요소를 낮출 것인지에 대한 우선순위를 결정하는 방법도 있다. 또 대책으로 간단한 설비의 개조나 안전장치의 설치 등 하드웨어적인 측면에 한정하지 않고, 시스템의 문제, 작업 수순, 교육 등 소프트웨어적인 측면의 대책도 포함하고 있다.

리스크 어세스먼트를 실시하는 것은 우리에게 아직 그리 익숙하지 않다. 리스크 어세스먼트는 실시 방법도 다양하다. 재해제로운동에서 실시하고 있는 KYT도 이전부터 작업 현장의 자주 활동 수단으로 진행되어 왔었고, 체계적이고 조직적으로 실시하는 기업도 있다. 하지만 사실 약한 부분이 많이 있었다.

이 약점을 보완하기 위해 재해제로운동과 OSHMS를 일체적으로 운용해야 한다고 생각한다. 시대의 변화에 맞게 이에 대처하는 안전활동이 요망되는 것이 그 이유이다. KYT와 리스크 어세스먼트를 동시에 진행시키기 위해서 이 두 가지 수법의 공통점과 차이점을 확실히 알고, 새로운 시대에 맞는 새로운 안전 관리가 필요하다.

2. 현장안전관리자를 위한 어드바이스 24

(1) 현장안전관리자란?

현장안전담당자가 아니라 현장안전관리자가 되어라

예전에 상사가 나에게 "우리는 현장안전담당자가 아니고, 현장안전관리자다."라는 말씀을 자주 하셨다. 관리는 '다른 사람의 힘을 빌려 목적을 달성하여 성과로 결집시키는 것'이라고 말할 수 있다. 다른 사람의 힘이란 조직, 상사, 동료, 혹은 부하의 힘을 말한다. 한 사람의 힘은 한정되어 있기 때문에 '재해제로 작업 현장을 확립'하려면 모든 사람의 힘을 결집시켜야 한다.

기업은 조직에 의해서 움직이므로, 최대한 조직의 힘을 활용하는 것이 무엇보다 중요하다. 조직은 다음과 같이 정의되고 있다.

'누가 무엇을 해야 하는지에 대해서 명확하다.'

'책임과 권한의 소재가 명확하다.'

'계층별로 성과를 숫자로 평가한다.'

이 조직의 힘을 '조직의 안전'에 유효하도록 활용하는 것이다. 바꾸어 말하면, 작업 현장의 안전을 추진하기 쉬운 조직을 만드는 것이다. 즉, 직장안전위원회, 재해제로 실천 그룹, 전문 위원회 등 회사의 조직 여건에 맞게 여러 안전활동을 위한 조직을 만드는 것이 필요하다.

최고경영자의 이해와 종업원들의 동기부여

저자는 '재해제로운동 프로그램 연구회(프로연)'에 코디네이터로 가끔 참가하곤 했다. 그 커리큘럼 중에는 작업 현장의 문제를 해결하기 위한 토의가 있었다. 작업 현장에서 안전보건을 추진할 때 생기는 문제점에 대해서 토의를 해보면, "최고경영자가 이해해주지 않는다."라는 말이 종종 나온다. 그러나 참가자들은 다양하게 토론하면서 만드는 행동 목표를 보면서 결국 최고경영자를 이해시켜야 하는 사람은 자기 자신이라는 것을 깨닫게 된다.

회사의 안전 관리를 최고경영자의 탓으로 돌리는 사람은 크나큰 실수를 하는 것이다. 최고경영자나 직원들을 이해시키고 동기부여

(Motivation)를 시키는 사람은 현장안전관리자인 자신임을 먼저 자각해야 한다. 모든 방법을 구사하여 안전 관리의 필요성을 호소하고 현장안전관리자의 존재를 어필해야 한다.

현장안전관리자의 보호구

노동안전보건법의 상위법으로 각종 법률이 있는데, 이 법률에는 여러 가지 안전과 관련된 자격이 정해져있다. 현장안전관리자는 이와 관련된 자격증을 하나라도 더 많이 취득하는 것이 좋다. 여러 사람들과 의견을 절충하는데 있어서 자격증은 큰 무기가 된다. 기업의 업무에 필요하다면 고압가스, 소방법의 위험물 관련 자격증을 적극적으로 취득하는 것이 좋다. 현장안전관리자의 보호구는 바로 '자격'이기 때문이다.

자기계발을 위한 노력이 필요

기업의 목적은 좋은 제품을 싸게, 필요한 만큼, 필요한 장소에 공급하여 많은 이익을 얻는 데에 있다. 좋은 제품을 만들기 위해서는 무엇보다 그 제품을 만드는 작업 현장의 안전이 확보되어야 한다. 최근 작업 현장의 안전을 확보하지 못해 기업의 제품 생산에 문제가 발생하여 리콜(제품 회수) 사태가 벌어지는 것을 보면 안타깝다.

한마디로 작업 현장의 안전 확보가 결국 좋은 제품을 확보하는

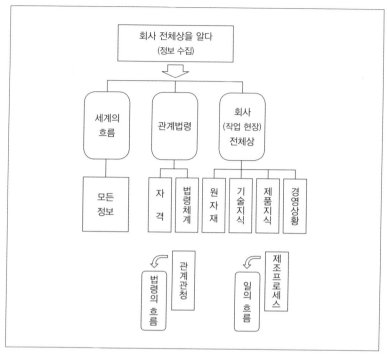

그림 1-4   현장안전관리자의 필수조건

길이다. 그러므로 현장안전관리자는 자신이 소속된 기업의 제품에 대해 충분히 알아야 한다. 어떠한 제품이 어떠한 시스템으로 제조 되는지, 지금 어떠한 신제품을 개발하고 있는지, 어떠한 원재료를 사용하고 있는지, 그 원재료의 동향은 어떠한지 등 제품에 관련된 모든 정보를 수집하기 위해 노력해야 한다. 신문이나 텔레비전, 심 지어 어린아이들의 대화에도 귀중한 정보가 숨어있기 마련이다. 이 정보들을 자신의 것으로 어떻게 이해하고 활용할지에 대해 항상 생각해야 한다.

지금은 정보화 사회다. 그러나 정보라는 것은 정보답게 사용할 때 비로소 정보다. 만약 정보답게 사용할 수 없다면 그저 쓰레기에 불과할 것이다. 그러므로 쓸모 있는 정보를 수집하기 위해 노력하고, 그 정보를 자신의 것으로 쓸모 있게 활용해야 한다고 생각한다 (그림 1-4).

(2) 작업 현장의 안전활동

최종 목표는 제로

과거에 저자가 근무했던 공장에서 사망 재해가 발생한 적이 있다. 그 영결식의 상주는 보육원에 다니는 5세의 장남이었다. 그 지역에서는 상주는 꼭 장남이 맡아야 한다는 것이 관례였다. 많은 참석자를 향해서 모친과 함께 머리를 숙이고 있던 어린아이의 모습을 잊을 수가 없다. 과연 그 어린아이는 자신이 왜 영결식 참석자를 향해서 머리를 숙이고 있는지 알고는 있을까? 이때 저자는 현장 안전관리자로서 전 직원의 생명을 맡고 있기 때문에 안전에 관련된 모든 것을 직접 실천하겠다고 다짐하였다.

인간의 생명은 하나뿐이다. 인간의 신체는 마치 기계처럼 매우 많은 부품으로 조립되어 있으며, 이것들이 서로 끊임없이 연계하면서 사람의 행동을 지탱한다. 기계는 고장 나면 어느 정도 부품 교환이 가능하지만, 인간의 신체는 이것이 불가능하다. 손가락 하나라도 잃어버려서는 안 된다. 절대 불행한 재해가 발생되어서는 안 된다. 현장안전관리자의 궁극의 목표는 항상 '제로'인 것이다.

현장안전관리자는 끈기 있게

협력 공장이었던 어느 중소기업을 방문했을 때 그 사장님은 나에게 이런 말을 했다.

"안전활동이 장기적으로 필요하다는 것을 알고 있지만, 막상 당장 실행하는 것은 매우 어렵습니다."

그 중소기업 사장님에게 지금 당장 중요한 것은 다음 달 직원들의 월급을 날짜에 맞춰 지급할 수 있도록 현금을 준비할 수 있는가였다. 그러므로 어떻게 해서든 영업 활로를 찾고, 지정된 납기일에 맞추어 납품할 수 있는지에 초점을 맞추게 된다고 했다.

일단 사고 · 재해가 발생하면 부상자의 처치 등 여러 수속이나 보고에 쫓긴다. 그제서야 안전 관리의 중요성을 깨닫지만, 평소에는 아무래도 생각할 겨를이 없다고 그 사장님은 이야기했다. 이는 안전 관리와 관련하여 매우 정곡을 찌르는 말이라고 생각한다.

안전활동은 가만히 있으면 잊어버리기 쉽다. 안전을 어떻게 지속시킬 것이고, 직원의 안전의식을 어떻게 계속 유지할 것인지를 끊임없이 생각하고 실천하는 것이 중요하다고 생각한다. '집요하고, 끈기 있게, 계속해서' 저자는 이것을 현장안전관리자의 표어로 삼고 싶다.

현장안전관리자는 한탄하지 마라!

현장안전관리자는 사고·재해 방지를 위해서 여러 가지 활동을 전개한다. 하지만 사고·재해가 발생하고, 재해 방지의 효과가 나타나지 않았을 때 현장안전관리자는 자신의 행동 중 어디에 문제가 있고, 왜 재해가 발생하는지를 알지 못해 고통스럽다. 게다가 상사나 관공서로부터 질책을 받으면 분한 마음에 이런 말을 내뱉곤 한다.

"에이! 제기랄! 술이나 먹자!"

"누가 나를 현장안전관리자로 임명한거야!"

저자는 이런 마음을 갖는 현장안전관리자들에게 말하고 싶다.

"그 동안 여러분이 해온 행동은 결코 헛된 것이 아닙니다. 감히 제가 장담합니다."

옛날에 명군이라는 사람이 했던 말 가운데 이런 말이 있다.

"불가사의한 승리는 있지만, 불가사의한 패배는 없다."

이러한 명언을 활용하여 전 중재방 노미야마(野見山) 이사장도 말했다.

"불가사의한 무재해는 있지만, 불가사의한 재해는 없다."

물론 아무것도 하지 않고도 무사고·무재해가 계속되는 경우도 간혹 있다. 그러나 사고·재해에는 분명히 원인이 있다. 단순히 무사고·무재해가 계속된다는 이유로 안전 관리가 우수하다고 평가하는 것은 터무니없는 것이다.

현장안전관리자는 작업 현장에 존재하는 보이는 문제와 보이지 않는(잠재하고 있는) 문제를 꾸준히 발견하고 대책을 강구한다. 묵묵히, 한결같이 재해제로를 위해 행동한다. 현장안전관리자는 자신이 후회할 재해만은 일어나지 않기를 바란다. 현장안전관리자의 활동은 결코 헛된 것이 아니고, 지금 이 순간에도 전진하고 있다. 결국 현장안전관리자가 나아갈 길은 자신을 다스리고 안전활동에 매진하는 일밖에 없다.

한발 앞선 안전활동

매년 11월 말이 되면 카나자와 시(金沢市)에 있는 유명한 공원인 켄로쿠엔(兼六園)에서는 다가오는 겨울을 준비하여 유끼츠리3 작업을 한다. 눈의 무게로 인해 유서 깊은 나무의 나뭇가지가 꺾이는 것을 방지하려고 차가운 바람이 부는 가운데에도 열심히 작업을 하는 모습은, 그 나무를 좋아하는 전 국민들을 감탄하게 만든다.

이것은 확실히 겨울을 앞서가는 작업이라고 말할 수 있다. 켄로

---

3 유끼츠리는 실 끝에 숯 따위를 메달아 쌓인 눈 위에 드리워 눈이 많이 붙게 하는 놀이다.

쿠엔의 겨울 풍물시(어떤 지방이나 계절 특유의 구경거리를 시로 표현)에는 이런 표현이 있다.

"눈 덮인 나뭇가지들이 유끼츠리 힘을 빌려 멋진 모습으로 방문객을 맞이한다."

직장의 안전활동도 이처럼 앞서가는 활동이다. 사고 · 재해가 발생하기 전에 대책을 강구하면서 안전활동은 늘 앞서 나가야 한다. 재해가 발생하고 나서 후회한다면 사후약방문밖에는 되지 않는다. 어떤 작은 것도 놓치지 않고, 사전에 대책을 강구하며 안전활동을 해나가야 한다.

밝은 작업 현장 만들기

직장에서 모든 활동의 시작은 밝고 즐거운 인간관계이다. 예전에 JR(Japan Railway[s], 일본 철도)[4]의 어떤 기관구(기관차나 동력차를 관리하고 운용, 정비, 보관 따위를 맡아보는 곳)에서 '하지만 고맙습니다(but then thank you)운동'이 있었다. 현장에서 작업하는 중에 불안전한 행동을 발견했을 때 동료들이 서로 주의를 주는 운동으로, 주의를 받는 사람은 반드시 "고맙습니다."라고 말하는 운동이

---

4 JR은 Japan Railway(s)의 약어이며, 1987년 4월 1일에 일본국유철도가 민영화되면서 발족한 8개 주식회사와 1개의 재단법인의 총칭이다. 순수 민간회사인 JR 동일본 · JR 도카이 · JR 서일본과 일본 철도건설 · 운수시설정비지원기구가 전 주식을 보유하는 특수 회사 JR 홋카이도 · JR 시코쿠 · JR 큐슈 · JR 화물 그리고 각 여객 6사 및 JR 화물에 의한 공동 출자 법인-JR 총연 · JR 시스템으로 구성되어있다.

다. 보통 인간은 다른 사람들로부터 주의를 받으면 순간 벌컥 화를 낸다. 화를 내지 않더라도 "왜?"라고 반발하곤 한다. 결국 이 운동은 '자신을 위하여, 당신을 위하여'라는 마음으로 서로서로 주의를 주고, 이에 감사하자는 운동이다.

작업 현장 내에서는 당연히 주의해야 할 것이 많이 있다. 주의를 받고, 그것을 솔직하게 받아들일 수 있는 조직 풍토가 있어야 서로 마음이 통하는 멋진 직장이라고 생각한다.

많은 직장에서 아차사고 제안활동을 하지만 좀처럼 제안이 나오지 않는다고 한다. 이것은 활동 자체의 문제보다는 조직 풍토에서 원인을 찾아야 한다고 생각한다. 솔직한 마음으로 제안할 수 있는 직장 풍토, 어떤 제안이든지 귀중한 정보로서 재해 방지를 위해 이를 활용한다는 적극적인 직장 풍토, 모두가 참여하는 밝은 직장 풍토가 없다면 아차사고의 제안활동은 결코 성공할 수 없다.

밝고 큰 목소리로 인사할 수 있는 작업 현장의 풍토가 선행되어야 한다. 이것이 없다면 아무리 좋은 시책이라도 살아있는 활동이라고 말할 수 없다. '밝고, 엄격하고, 씩씩한' 조직 풍토라면 사고·재해는 절대로 발생하지 않는다고 해도 과언이 아니다. 결국 현장안전관리자의 임무는 큰 목소리로 확실하게 인사하는 것부터 시작하는 것이다.

(3) 현장안전관리자의 마음가짐

단락과 타이밍

"자네, 지난주에 내가 지시한 것은 어떻게 진행하고 있는가?"

이것은 업무상에서 언제나 상사에게 추궁받는 말이다. 사실 상대방이 기대하는 내용을 곧바로 순서에 입각하여 보고한다는 것은 매우 어려운 일이다. 하지만 상대방이 요구하기 전에 '지난번 지시한 사항에 대해서 말씀드리면, 현시점에서 여기까지 하였고, 나머지는 여기까지입니다.'라고 먼저 보고한다면 충분히 여유를 갖고 보고하는 것이 가능하다. 언제, 어느 시점에 보고하는 것이 서로에게 좋은지에 관하여 저자는 이를 단락과 타이밍이라고 말하고 있다.

사고·재해가 발생하면 현장안전관리자는 즉시 부상당한 사람의 처치를 확인한 후 발생 현장에 가서 상황을 파악해야 한다. 재해는 여러 가지 원인이 복잡하게 겹쳐서 발생하는 경우가 많기 때문에 즉시 원인을 규명하기는 어렵다. 미주알고주알 지시하는 사이에 중요한 관계처의 보고나 연락을 잊어버리기도 쉽다. 보다 중대한 사고나 큰 재해가 발생했을 때는 더 당황한 나머지 순간적인 판단을 못하는 일이 많이 있다.

언제, 어느 시점에서, 어떠한 타이밍으로, 누구에게 보고해야 하는가를 현장안전관리자는 언제나 의식하고 있어야 한다. 보고 리스트, 연락처, 경로 같은 것들을 독자적으로 작성하여 항상 휴대하고 있는 것도 하나의 방법이다. 단락과 타이밍을 잊지 않기 위해서는 본인 스스로 끊임없이 연구해야 한다.

하드(hard) · 소프트(soft) · 하트(heart)

최근에는 기계 · 설비의 자동화와 안전화가 진행되고 있다. 이로 인해 그것을 움직이는 소프트웨어적인 측면의 안전 대책도 대단한 진척을 이루었다고 할 수 있다. 언뜻 보기에 사고 · 재해가 발생하지 않더라도, 그 기계장치를 조작하는 것은 어디까지나 사람이라는 점을 잊지 말아야 한다.

하드웨어적인 측면의 대책은 확실히 진보하였다. 이러한 설비들을 움직이게 하는 것은 대부분이 컴퓨터이며, 이를 통해 시스템화되고 있다. 그렇지만 하드웨어를 만들고, 소프트웨어를 만들며, 이를 조작하는 것 역시 사람이다. 이는 단순히 작업자의 교육이나 예의범절 같은 것으로 간단하게 결론지을 수 없다. 작업자 자신을 둘러싼 환경을 생각해볼 때 따뜻한 배려를 포함한 '마음'의 관리가 필요한 시점이다.

안전 관리는 항상 '하드', '소프트', '하트'이다(그림 1-5).

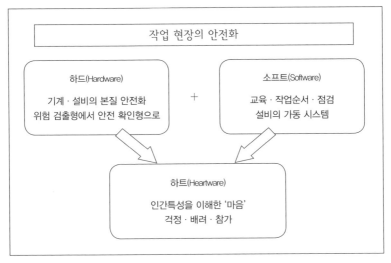

그림 1-5 하드 · 소프트 · 하트

통상운전과 정상운전

작업 현장을 순시할 때 어떤 지적을 하면 "예전부터 이 방법으로 하고 있다.", "언제나 이 방법으로 하고 있었다."는 이야기를 자주 듣는다. 또한 재해가 발생한 경우조차도 "언제나 같은 작업을 해왔기 때문에…", "어제까지 이 방법으로 하고 있었기 때문에…" 등의 말이 되돌아온다. 똑같이 작업을 했는데 왜 재해가 발생하는 것일까? 도대체 어디에 문제가 있었던 것일까?

이것은 통상의 운전 방법이 '정상적인 운전'이었다고 말하는 것에 문제가 있다. 통상적인 운전이 반드시 정상 운전이라고 할 수 없다. 예전부터 관습적으로 수행해온 작업 방법이 과연 정확한 작업 방법이었던 것일까? 최근에는 작업 방법이 매우 빠르게 변화하고

있다. 기계 · 설비의 구동 시스템도 크게 변화하고 있다. 과연 이것
들의 기계 · 설비는 정확하게 가동하고 있었던 것인가? 무엇이 정
상인 것인가? 무엇이 다른 것인가? 그 작업 현장의 수준은 어떠한
가? 등을 정확하게 평가하는 것이 중요하다. 즉, 현장안전관리자는
항상 문제의식을 갖고, 이를 정확하게 판단하고 확인해야 한다.

강 건너 불구경 그리고 타산지석

어느 작업 현장에서 재해가 발생한다 해도, '내가 일하는 작업 현
장이 아니어서 다행이다', '아이구, 그래도 나는 살았다'라는 기분은
누구든지 갖고 있다. 이른바 강 건너 불구경이다. 그러나 안전 관리
에 있어 이러한 생각은 엄하게 금지되어야 한다.

자신의 작업 현장은 어떨까? 유사한 위험이 있는 곳은 없는가?
유사한 작업은 없는가? 다른 재해들을 '타산지석'으로 삼아 자신의
작업 현장을 반드시 다시 확인하고, 만약 문제가 있다면 사전에 대
책을 마련하여 예방활동을 반복하는 것만이 재해 방지로 이어진다
는 확신을 가져야 한다. (그림 1-6, 1-7)

전근

샐러리맨들에게 전근은 늘 따라 다닌다. 현장안전관리자도 예외
는 아니다. 전근한 곳에서 가장 힘든 것이 인간관계라고 생각한다.

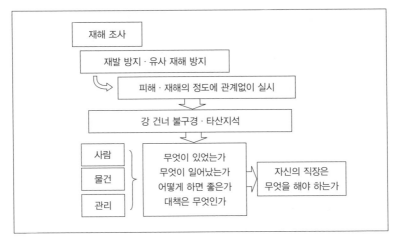

그림 1-6　강 건너 불구경과 타산지석

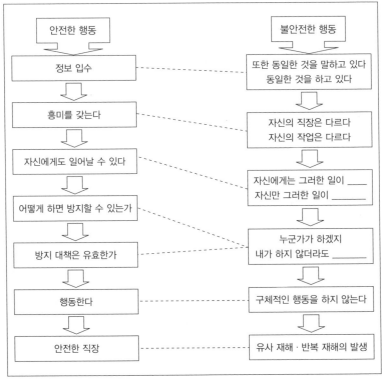

그림 1-7　안전한 행동과 불안전한 행동

특히 현장안전관리자는 제1선 생산 라인의 현장 감독자와의 인간관계가 중요하다. 이 사람들과 조금이라도 빨리 좋은 인간관계를 만들어야 한다. 저자는 언젠가 선배로부터 "빨리 당신의 일가(一家)를 만들어."라는 말을 들었다. ○○일가라는 것은 정말 나쁘다고 생각하지만, 이것의 의미는 이른바 브레인을 만든다는 것이다.

현장안전관리자는 물건을 만드는 현장 사람과의 인간관계가 특히 중요하다. 그 계기가 반드시 안전보건에 국한될 필요는 없다. 취미나 스포츠 등 모든 수단을 동원하여 새로운 환경에서 인간관계를 구축하는 것이다.

최근 직장 내의 인원 구성은 크게 변화하고 있다. 파트타이머, 아르바이트, 파견근무자 등 비정규직 노동자도 많다. 예전처럼 정규직만 있는 것은 아니다. 이것을 충분히 이해한 다음 인간관계를 구축해야 한다.

또 하나 유의해야 할 것은 "이전의 공장에서는⋯."이라는 말은 삼가야 한다는 점이다. 각각의 작업 현장에는 오랫동안 축적된 그들만의 문화가 존재한다. 그것을 충분히 이해하지 않은 채 전 근무지의 방식을 말하는 것은 당치도 않을 일이다. 각각의 특징을 이해하고 각각의 환경을 전제로 한 개혁이 필요하다고 생각한다.

(4) 안전교육

교육 · 훈련 · 지도

작업 현장의 안전 관리를 추진함에 있어서 '안전교육'은 매우 중요하다. 안전교육은 이른바 일반적인 교육과는 달리 교육받은 내용을 수강자가 단순히 지식으로만 이해하는 것만으로는 부족하다. 교육 받은 지식을 활용하여 행동하지 않으면 안전교육을 받았다고 말할 수 없다. 어디까지나 수강자가 이를 행동할 때 비로소 안전교육의 효과가 나온다고 말할 수 있는 것이다. 그리고 교육받은 내용이 그 작업 현장에 정착하게 되었을 때 효과가 발휘된다는 것이라는 것을 잊어서는 안 된다.

'교육'　지식이나 정보를 갖게 하는 것

⇩

'훈련'　일정 수준에 도달할 때까지 익히도록 하는 것

⇩

'지도'　가르치고, 훈련하고, 육성하고, 지도하는 것

안전교육은 이러한 세 가지 스텝 모두를 총칭하고 있다는 것을 잊지 말아야 한다. 교육받은 사람이 교육받은 내용을 지키지 않고,

그대로 실행하지 않는다는 것은 사실 가르치는 쪽에도 원인이 있다. 그러므로 현장안전관리자는 보다 좋은 안전교육을 통해 육성하려는 노력을 하고, 그에 맞는 교육 환경이 필요하다는 것을 인식하여야 한다.

신입사원을 맞이한다

어느 기업에서나 신입사원이 들어오면 신입사원 입사교육을 한다. 어쩌면 매년 3~4월은 일제히 신입사원을 맞이하고 입사교육이나 사내교육이 성대하게 진행되는 달일 것이다. 최근에는 정기채용도 예전보다 없어지고 역으로 수시채용이 늘어나고 있다. 채용의 방법은 다양하게 변화한다 하여도 입사교육이 중요한 것은 변함이 없다.

우리도 과거에 많은 신입사원들을 대상으로 안전교육을 실시했다. 그러나 입사해서 수일, 수개월이 지나 그들에게 안전교육의 내용에 대해서 물으면 안타깝게도 거의 대부분 기억하지 못했다. 학창 시절에 지겨울 정도로 교육받고, 또 이전 회사에 취직했을 때에도 신입사원 교육을 받은 사람이 다시 새로 입사한 회사에서 또 교육을 받다니! 또한 그 교육 내용조차 타 기업 혹은 사업장에서 받은 것과 거의 유사한 내용일 경우엔 교육을 받는 입장에서는 상당한 부담을 느낄 수밖에 없다.

따라서 신입직원 교육은 금지사항을 철저하게 가르칠 것과, 하나라도 잘못된 것이 없어야 하는 것이 기본이다. 하지만 안전에 대해서 보다 알기 쉽고, 구체적으로 가르치는 것이 중요하다. 과거의 재해 사례나 다른 기업의 사례 등을 포함한 구체적인 설명을 동반한다면 반드시 흥미를 불러일으키게 되고, 수강자에게 상당한 임팩트를 줄 수 있다.

학창 시절에는 100문항의 시험문제 중에서 한두 개의 잘못이 있어도 최고 우등생으로 평가받지만, 회사의 안전에 관해서는 하나의 잘못도 용서되지 않는다. 즉, 언제나 100점 만점이 요구되고, 하나의 잘못이 0점이 될 수 있다. 항상 '100'점과 '0'점의 세계에 있다는 것을 철저히 인식시키는 것이다. 하나의 잘못이 커다란 사고·재해의 원인이 되고 있는 것이 현실이기 때문이다.

룰을 지키게 한다

대부분 안전에 관한 룰을 만들지만 좀처럼 지켜지지 않는다. 룰 자체가 나쁜 것인지, 어디에 문제가 있는 것인지, 어디를 수정해야 하는지 등 현장안전관리자는 이에 대해 자주 고민에 빠진다.

다음은 룰을 지키게 하는 사항들이다.

- 룰을 만든 본인이 지킬 것
- 예외를 인정하지 않는 것

- 항상 위반을 용납하지 않을 것

그리고 중요한 것은 '지키게 하기 위해 어떻게 해야 하는지에 관한 논의'가 아니라 '지키지 않는 이유에 관한 논의'를 하는 것이다. 지키게 하려고 논의를 진행하여도 답은 나오지 않는다. '왜 지키지 않는 걸까?', '지키지 않는 이유는 무엇일까?'에 대해서 토의하는 것이 중요하다.

4S(5S)를 철저히 추진한다

작업 현장의 안전보건은 4S(정리, 정돈, 청결, 청소) 또는 5S(정리, 정돈, 청결, 청소, 마음가짐)[5]에서 시작된다. 최근에는 품질관리, 환경관리 측면에서도 4S나 5S의 활동이 활발하게 추진되고 있다. 하지만 신입사원의 교육 등에서 작업 현장의 4S나 5S의 필요성을 이야기하면 작업 현장 안이 오염된 장소라는 오해를 불러올 수 있다. 따라서 4S나 5S는 어느 하루 또는 일정 시간에 한정해서 활동을 한다면 의미가 없으며, 일상의 작업과 일체화하여 지속적으로 추진하는 것이 역량을 축적할 수 있는 길임을 이해시켜야 한다.

---

5 정리(Seiri), 정돈(Seiton), 청소(Seiso), 청결(Seiketsu), 마음가짐(Shitsuke)으로 각 개념의 일본어 발음의 첫글자 S를 따서 5S라고 한다. 4S도 이와 마찬가지이다. – 옮긴이

(5) 행동하는 안전활동

작업 현장 안전회의의 바람직한 모습

작업 현장의 안전회의는 가끔 현장안전관리자로부터 지시, 연락 등의 단순한 보고만으로 끝나버리는 경우가 많다. 또한 안전회의를 개최하지만 좀처럼 좋은 의견이 나오지 않는다는 이야기를 자주 듣는다.

이것은 이른바 담당자 주도형 안전활동이 많기 때문이다. 회의는 관계위원이 각각의 의제에 대해서 의견을 내고, 어느 정도 의견이 나온 다음, 찬성과 반대를 다수결로 결정하는 장이다. 그리고 논의란 자신의 의견을 개진할 뿐만 아니라 타인의 의견을 경청하는 것이다. 즉, 문제의 답은 무엇인지, 무엇이 더 좋은지를 서로 이야기하여 전원이 납득할 수 있는 결론을 내리는 것이다.

작업 현장의 안전활동에 관련된 부분은 단순히 다수결로 결정하는 것이 아니라 전원이 납득하도록 해야 한다. 다수결이라는 것은 어느 정도 그 안에 반대자가 있음을 뜻한다. 만약 반대자 중에서 사고·재해를 일으키는 사람이 나오면 어떻게 할 것인가?

생산 라인에서 자주적인 안전활동이 정착된 작업 현장에서 진행되는 안전회의는 대부분 토의의 장이다. 즉, 언제나 토의가 이루어지는 작업 현장은 스스로 그 뜻을 음미하고 자주적인 안전활동이

전개되는 곳이다. 항상 논의하고 자기 자신의 생각과 의견을 밝히는 동시에 타인의 의견을 듣고 그 가운데에서 해결책을 확립하는 살아있는 안전활동이 중요하다. 이는 다수결로 결정하는 것이 아니라 전원이 납득하고 결정하는 것이다.

〈그림1-8〉은 작업의 안전회의와 안전 관리의 레벨을 나타낸 것이다. 단순한 보고에서 토의로 발전시킨다면 담당자 주도형의 안전 관리에서 자주적인 안전활동과 안전 관리의 레벨이 향상된다. 여러분의 작업 현장의 안전회의 레벨을 검토해보기를 권한다.

안전활동은 팀으로

안전활동은 소집단 그룹, 즉 팀으로 행동하는 것이 바람직하다. 재해제로운동, KYT 등도 먼저 팀 행동에서 시작된다. 집단은 개인으로부터 성립된다. 한 사람 한 사람의 힘이 결집되어 팀(집단)이라는 커다란 힘이 된다. 모두가 서로 이해하고 납득하여 행동한다면, 개인의 힘이 단순한 각각의 '합'이 아니라 '곱'이 되어 상승효과를 발휘할 수 있다는 것이다.

소집단 활동

대부분의 작업 현장에서는 조례나 TBM(Tool Box Meeting, 작업 현장에서 소수(少數)의 작업자가 작업 개시 전에 감독자를 중심으로 대화

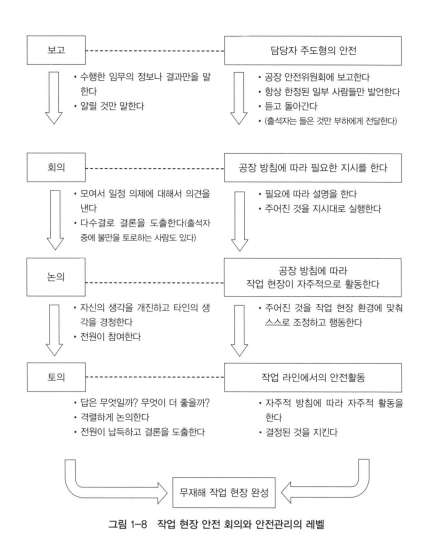

보고	담당자 주도형의 안전
• 수행한 임무의 정보나 결과만을 말한다 • 알릴 것만 말한다	• 공장 안전위원회에 보고한다 • 항상 한정된 일부 사람들만 발언한다 • 듣고 돌아간다 • (출석자는 들은 것만 부하에게 전달한다)
회의	공장 방침에 따라 필요한 지시를 한다
• 모여서 일정 의제에 대해서 의견을 낸다 • 다수결로 결론을 도출한다(출석자 중에 불만을 토로하는 사람도 있다)	• 필요에 따라 설명을 한다 • 주어진 것을 지시대로 실행한다
논의	공장 방침에 따라 작업 현장이 자주적으로 활동한다
• 자신의 생각을 개진하고 타인의 생각을 경청한다 • 전원이 참여한다	• 주어진 것을 작업 현장 환경에 맞춰 스스로 조정하고 행동한다
토의	작업 라인에서의 안전활동
• 답은 무엇일까? 무엇이 더 좋을까? • 격렬하게 논의한다 • 전원이 납득하고 결론을 도출한다	• 자주적 방침에 따라 자주적 활동을 한다 • 결정된 것을 지킨다

무재해 작업 현장 완성

그림 1-8 작업 현장 안전 회의와 안전관리의 레벨

하는 도구 상자 집회를 약칭하여 말함)을 실시하고 있다. 여기서 감독

자는 많은 주의사항을 지시하게 된다. 그러나 작업자는 그 가운데

과연 얼마나 많은 지시사항을 기억하고 있을까?

〈그림 1-9〉는 나의 동료인 도시바 사 미에 공장 현장안전관리과

과장 오오시마 미츠아키(大島光昭) 씨가 수개월에 걸쳐 실험한 결과를 나타낸 것이다. 작업 현장 조례에서 450여 명에게 안전에 대한 주의사항을 전달하고 당일 오후 과연 몇 명의 작업자가 그 내용을 기억하고 있는지를 조사한 실험이다.

어느 날 조례에서 세 가지 항목을 지시하였다. 당일 오후 세 가지 항목 전부를 기억하고 있는 사람, 세 항목 중 두 항목을 기억하고 있는 사람, 세 항목 중 한 항목만 기억하고 있는 사람이 각각 몇 명인지를 조사했다. 또한 다른 날은 조례에서 두 가지 항목의 주의사항을 이야기하였다. 당일 오후 두 항목 모두 기억하고 있는 사람, 두 항목 중 한 항목만 기억하고 있는 사람의 수를 조사하였다. 얼마 지나서 이번에는 한 가지 항목만 지시하였다.

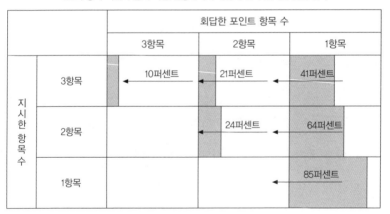

조례에서 지시한 안전 포인트를 당일 오후 몇 개까지 답할 수 있을까?
450여 명의 직원과 함께 작업 현장에서 수개월에 걸쳐 실시한 실험 결과

		회답한 포인트 항목 수		
		3항목	2항목	1항목
지시한 항목 수	3항목		10퍼센트 ←	21퍼센트 ←	41퍼센트 ←
	2항목			24퍼센트 ←	64퍼센트 ←
	1항목				85퍼센트 ←

그림 1-9 부하는 많은 것을 기억하지 못한다

세 가지 항목을 지시했을 경우, 세 항목 전부를 기억하고 있는 사람은 불과 10퍼센트였다. 역으로 한 항목만 지시한 경우는 85퍼센트의 사람이 기억하고 있었다. 사실 대부분 현장에서 조례에 국한하지 않고도 부하에게 이것저것 지시를 내리고 있다. 그 마음은 이해가 되지만, 이것이 거의 효과가 없다는 것을 증명한 실험 결과였다.

그보다는 하루에 한 항목을 온전하게 이해시킨다면 1년에 200항목에서 250항목까지 지시가 가능한 것이다. 매일매일 하나씩 착실하게 실천하는 것보다 좋은 것은 없다. 재해제로운동에서 제창하고 있는 KYT의 방법 가운데 원 포인트 KYT라는 것이 있다. 작업을 개시하기 전에 해당 작업에 잠재하고 있는 위험요인 중에서 가장 중요한 위험의 포인트를 한 항목만 지목해서 확인하고 작업하는 방법이다. 이것이 얼마나 유효한 수법인지는 이 실험 결과를 통해서도 짐작할 수 있을 것이다.

선문답 중에 하나로 다음과 같은 것이 있다.

"무풍하엽동 필정유어행(無風荷葉動 必定有魚行)"
"바람도 없는데 연꽃 잎새가 흔들거리는 것은 필시 물고기의 움직임 때문이리라"

제자가 선승(禪僧)에게 질문했다.
"바람도 없는데 왜 연꽃잎이 움직이는 건가요?"
선승은 대답했다.
"아마 그 아래(수중)에 물고기가 살고 있기 때문이겠지."
곧바로 선승은 말을 이었다.
"왜 너는 눈에 보이는 것만 보려고 하느냐? 단지 눈에 보이는 것만 보려고 하지 말고, 그 안에 잠재하고 있는 것을 마음을 다해 관찰하여야 하느니라."

현장안전관리자는 작업 현장에 잠재하는 문제점을 발견하여야 한다. 이 선문답은 눈에 보이는 문제만을 보고 있다면 해결로 이어지지 않는다고 하는 가르침이라고 생각한다.

보이지 않는 문제야말로 진정한 문제가 아닐까?

(6) 안전주간

안전주간보다 준비기간

매년 7월엔 전국 안전주간이 실시된다. 전국 안전주간은 1928년에 전국 규모로 실시된 이래 계속해서 실시되고 있다. 각종 전국운동을 봐도 이처럼 역사와 전통이 있는 운동도 찾기 힘들 것이다. 다만 안전주간은 한 주간 개최되지만, 일주일 중 이틀이 휴무인 점을 고려하면 실제로는 5일간의 단기간 운동이다. 이 때문에 이 행사는 오히려 준비기간인 6월이 더 중요한 시기가 된다. 따라서 준비기간에 활동을 전개하고, 본 주간은 마무리를 하는 기간이라고 생각해야 한다.

안전주간행사는 3축으로 실시

아무리 1개월 정도의 준비기간이 있다고 하더라도 이것저것 행사를 많이 하게 된다면 효과적으로 진행되기가 어렵다. 따라서 '선택과 집중'을 통해 활동을 계획하고 추진하여야 한다.

안전행사의 3축이라고 하는 것이 있다. 그 내용은 다음과 같다.

- 최고경영자의 방침, 기업의 연간 방침, 사업장의 기본 방침 등 중장기에 걸쳐 지속적으로 추진해야 할 것

- 일정 기간 집중해서 추진해야 할 것

- 반복해서 실시해야 할 것

이를 통해 관리자와 일반 직원들에게 안전에 대한 동기부여를 느끼게 함으로써 모두가 참여하는 안전한 작업 현장 풍토를 만들기 위한 행사를 계획해야 하는 것이다.

직제 조직의 활동

안전운동을 전개할 때 중요한 것은 사장이나 공장장 등 기업 최고경영층을 직제 조직에 참여시키는 것이다. 최고경영자가 작업 현장을 순시하는 방식으로 기업이나 사업장 전체를 참여시킬 수 있도록 추진하는 것이 효과적이다. 이것은 안전운동을 사전에 준비하도록 하는 것에 의의가 있다.

최고경영자의 순시에 맞춰 작업 현장 전체가 충분한 시간을 갖고 사전에 준비하도록 하고, 그 고조된 분위기를 최대한 효과적으로 이용하는 것이다. 만약 어느 날 돌연 최고경영자가 작업 현장을 순시하여 이것저것 지적한 후에 직원들이 개선하려 한다면, 그 효과는 떨어질 수밖에 없다.

연간 계획으로 경영층의 시찰을 계획해두고, 그 실시 시기는 정해진 그달의 어느 하루로 한다. 그렇게 되면 최고경영자의 순시를 위해 각 작업 현장마다 준비하게 되고, 갖가지의 문제점을 추출하여 이를 해결하기 위해 자주적으로 추진하게 된다. 이와 같이 작업 현장의 자주 활동으로 이어질 수 있도록 하는 것이 최고경영자 순시의 의미다.

OSHMS에서도 일정 기간마다 시스템 감사를 의무화하고 있다. 그리고 매니지먼트 시스템 그 자체를 재검토하도록 정하고 있다. 어느 날 갑자기 시스템 감사를 수행하는 것은 좋지 않다. 감사를 위해 준비하는 그 과정이 중요하기 때문이다.

규모있고 멋있게

안전 대책은 '4E'로 정리할 수 있다. 4E는 다음과 같다.

- Engineering(공학적 대책)
- Education(교육, 실습)
- Enforcement(강화, 강조)
- Example(모범 사례)

안전주간행사에서는 이 4개의 'E' 중에서도 'Enforcement(강화, 강조)'를 충분히 의식하도록 하는 것이 중요하다. 규모가 있고 멋있게 전 직원의 안전의식을 고양하기 위해서는, 과하다 싶을 정도로 이를 강조해야 한다. 또한 전원이 참가해야 함은 물론이다.

표창

안전주간행사에서 사장(사업주) 혹은 공장장(사업소장) 표창을 계획하는 경우가 많이 있다. 작업 현장을 대상으로 한 표창, 그룹이나 개인을 대상으로 한 표창 등 그 대상 또한 다양하다. 무엇보다 표창은 규모 있고 멋있게 해야 한다.

또 하나 반드시 주의할 것은, 일반적으로 여러 가지 표창을 수여할 경우에는 사업주 등 표창자의 스케줄이 우선시되는 경우가 많다는 점이다. 더욱이 사장실이나 사업주의 방에서 표창받을 사람을 불러 관계자들만 모여서 표창하는 경우가 있다. 이런 경우 모처럼 수여하는 표창의 효과가 반감되어 버릴 것이다.

반드시 표창을 하는 사람이 받을 사람의 작업 현장 혹은 사업장으로 가서 모든 사람들이 참석한 가운데 표창을 수여했으면 좋겠다. 물론 표창 수여식장은 안전기, 포스터 등을 활용하여 제대로 장식해야 한다. 가능하다면 표창장도 큰 사이즈로 한다. 이렇게 한다면 안전 표창의 효과가 더욱 높아질 것이다.

결과의 평가

안전주간행사를 실시한 후 이 행사가 단순한 행사에 그치지 않도록 하기 위해서는 반드시 실시 결과에 대한 평가가 뒤따라야 한다. 비교적 좋은 방법은 아니지만, 각 작업 현장에서 안전주간행사의 실시 상황을 보고하도록 하는 것도 좋은 방법이다. 물론 현장안전관리자는 한 해 동안 작업 현장의 여러 가지 상황들을 보고해야 하고, 작업 라인의 관리자도 이를 부담스러워 할 가능성이 높다. 그럼에도 각 작업 현장마다 추진한 내용을 보고토록 결정한다면, 이를 반드시 정리하여 작업 라인에 다시 피드백을 주어야 한다. 이 방법을 통해 다음 활동을 계획하고 정보를 횡전개할 수 있다.

현장안전관리자는 이것저것 보고만 시키고 피드백은 주지 않기 때문에 미움받는 것이다. 현장안전관리자도 꼭 해야 할 것은 반드시 해결하고 말겠다는 자세가 중요하다.

(7) 작업 현장의 5S(4S)

5S(4S) 플러스 S

작업 현장 정리 · 정돈은 모든 활동의 출발점이다. 5S(정리 · 정돈 · 청결 · 청소 · 마음가짐), 4S(정리 · 정돈 · 청결 · 청소)활동을 추진하면 반드시 작업 현장은 안전해진다.

즉, 5S(4S) + S(Safety)이다. '작업 현장의 정리 · 정돈은 안전의 어머니다'라고 예전부터 일컬어져 왔지만, 정리 · 정돈이 안전만을 가져다주는 것은 아니다.

- 생산성 향상
- 작업 효율 향상
- 품질 향상
- 신용 향상
- 종업원 의식 향상

이외에도 5S 활동이 가져다주는 효과는 이루 말할 수 없이 많다.[6]

5S 활동은 업무의 일부

5S 활동을 계속 습관화하는 것이 중요하다. 어느 날 돌연 정리 · 정돈을 실시하고서 효과를 보지 못한다고 하지만, 그것은 정리 · 정돈이 아닌 단순한 청소를 한 것이라 해도 과언이 아니다. 만약 하계 휴가나 연말연시의 연휴 전날에 날을 잡아 작업 현장의 정리 · 정돈을 실시했다면, 이것은 정리 · 정돈이 아닌 단순한 대청소

---

6 기업에 따라서는 정리 · 정돈 · 청결을 가지고 '3S'라고 부르고 있는 회사도 있다.

에 불과한 것이다.

당연한 말이겠지만 정리 · 정돈은 생산 분야만의 문제는 아니다. 현장이나 사무실에서도, 또 관리자에게나 일반 직원에게도, 누구나 어디서나 실천해야 하는 것이다.

나는 관리자라고 불리는 사람의 사무소를 가본 적이 많았지만, 대부분 정리 · 정돈이 잘 되어 있지 않았다. 책상 위에는 전화기가 널부러져 있고, 서류들도 높이 쌓여있었다. 최근에는 거기에 PC까지 있어 상당히 정신없어 보였다. 〈표 1-1〉은 정리 · 정돈을 실시할 때 그 대상물과 착안점을 정리한 것이다.

정리 · 정돈은 정의를 명확하게

정리 · 정돈의 정의를 확실하게 인식해야 한다.

즉, '정리'란 필요한 것과 불필요한 것을 구분하고, 불필요한 것을 폐기하는 것이다. 다만, 이 폐기는 반드시 '환경기준에 따라서'라는

대상물	착안점
재료, 반제품, 제품	종류, 형상, 양, 위치, 높이, 안정도, 운반 수단, 용기 등
기계 · 설비	필요 면적, 배치 등
치공구	사용 빈도, 사용 장소, 보관 장소
작업 현장의 바닥, 통로	넓이, 표면의 요철, 유효한 폭, 강도
서류, 도면, 서적류, 그 외	유효기간, 배포처, 파일 등

표 1-1 5S의 대상물과 착안점

것을 잊지 말아야 한다. 아무리 정리를 한다고 해도 아무렇게나 폐기한다면 추후에 큰 문제가 될 수 있다.

'정돈'이란 필요한 것을 정해진 장소에 정해진 방법으로 두는 것이다. 중요한 것은 다음에 사용할 때 바로 사용할 수 있도록 조치해두는 것이다.

5S 활동은 먼저 버리는 것에서 시작한다고 자주 이야기하지만, 버릴 때 환경 문제에 충분히 유의해야 한다. 중요한 것은 '정말로 필요한 것이 무엇인지'를 가려내는 것이다. '보관하고 있는 편이 언젠가는 편리하겠지'라고 생각한다면 5S 활동은 더 이상 진전되지 않는다.

〈그림 1-10〉은 5S 활동의 사이클을 나타낸 것이다. 이 사이클을 작업과 일체화하는 것이 중요하다.

보관 장소의 명시

'배전반 앞에 물건을 두지 말 것', '소화기 앞에 물건을 두지 말 것' 등 '○○을 두지 말 것'이라는 표식은 작업 현장에서 흔히 볼 수 있다. 하지만 '○○○보관장'이나 '○○○는 이와 같이 보관할 것' 등의 표식은 의외로 찾아볼 수 없다. 명확한 보관 장소의 지정, 보관 방법의 룰, 보관 책임자, 유효기간의 게시 등 보관 방법을 정비하는 것이 정돈의 비결이라고 생각한다.

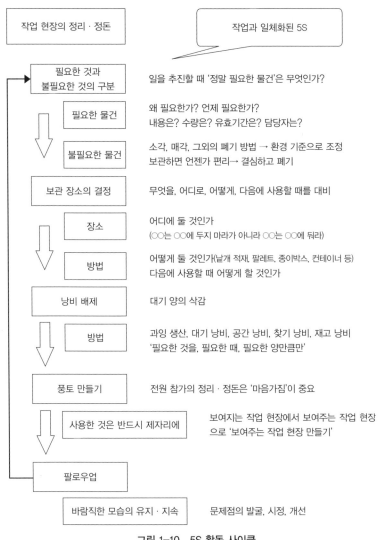

그림 1-10 5S 활동 사이클

낭비의 배제

5S 활동의 목적은 모든 낭비를 배제하는 것이다. 과잉생산의 낭비, 대기 낭비, 공간 낭비, 찾기 낭비, 재고 낭비, 공정 재공품 낭비

등 모든 낭비를 없애는 것이 5S 활동의 근본이다. 이에 대한 키워드는 '필요한 것을', '필요할 때', '필요한 만큼', '필요한 장소로'이다.

보여주는 작업 현장 만들기와 마음가짐

5S 활동의 완성은 청결함과 미화를 중요시하여 보여지는 작업 현장에서 '보여주는 작업 현장 만들기'이다. 마음가짐은 정리 · 정돈 · 청결 · 청소를 자율적으로 추진하는 의식을 확립하는 것이다. 그렇게 하기 위해서는 우선 모든 행동을 표준화(매뉴얼화)해야 한다. 더 중요한 것은 전원이 이 매뉴얼대로 행동할 수 있도록 습관화하는 것이다.

(8) 작업 현장의 실태를 파악한다

재해제로란

'재해제로'란 단순히 수치상으로 재해가 없다는 것을 뜻하지 않는다. 재해 발생의 가능성을 포함해서 잠재된 재해요인 자체를 근절시키는 것을 '재해제로'라고 한다. 무재해의 의미와는 근본적으로 다르다. 그렇기 때문에 일부러 숫자 '0'이 아닌 '제로'를 사용하고 있다(그림 1-11).

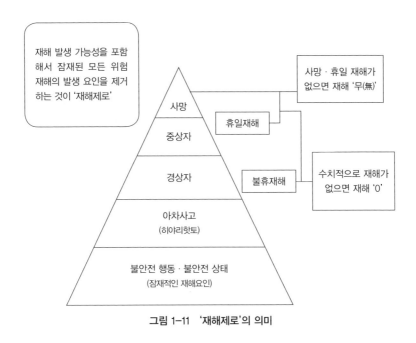

그림 1-11 '재해제로'의 의미

잠재 재해요인의 발굴

'위험한 요인을 어떻게 먼저 인지하여 휴먼 에러 사고를 방지할 것인가'라는 의문에서 출발하여 사전에 안전을 확보하자는 취지로 전원이 참가하는 '재해제로운동'이 제창되었고, 그 기법으로서 'KYT'가 있다.

전원이 위험에 대한 감수성을 높이고 작업 현장의 위험요인을 배제하여 작업 현장의 문제를 사전에 해결하려는 것이 KYT의 방법이다. 지금은 이를 모르는 사람이 없을 정도로 대중적으로 또 다방면에서 실시되고 있다.

재해제로의 이념, 수법, 실천은 다양한 경로를 통해서 접할 수 있기 때문에 상세한 해설은 생략한다. 무엇보다 중요한 것은 현장안전관리자로서 자신의 작업 현장에 존재하는 잠재적인 재해요인에 초점을 맞춰 현상을 파악해야 한다. 이를 위해 저자는 과거에 근무했던 공장에서 실시한 이른바 '아차사고(히야리핫토) 제안활동'의 실태를 토대로 구체적으로 해설하고자 한다.

아차사고 제안활동

아차사고 제안활동은 작업 현장의 직원이 일상의 작업을 진행하면서 재해 사고까지는 가지 않았지만, '아차' 하고 놀라기도 하고, '휴~' 하고 가슴을 쓸어내린 체험을 서로 발표하여 이를 사전에 방지하자는 활동이다. 이를 위한 제안 방법으로 구두 혹은 일정의 양식을 작성하여 제안함에 투입하거나, 작업 현장의 책임자에게 제출하는 등 여러 가지가 있다. 꼭 형식에 얽매일 필요는 없다. 중요한 것은 꾸밈없이 있는 그대로 제안하고, 그 내용을 전원이 토의할 수 있는 작업 현장 문화라고 생각한다.

모처럼의 제안을 개인 공격에 사용한다거나 충분한 검토도 없이 그대로 방치하는 등의 사례가 하나라도 있으면 그 제안활동은 실패로 끝날 수밖에 없다. 중요한 정보를 제공해준 제안자에게 감사하는 마음가짐이 필요하며, 중요한 정보를 작업 현장 전체로 공유하는 자세야말로 무엇보다 소중한 것이다.

또한 예산 등의 문제로 인해 제안한 내용이 곧바로 개선되지 못하는 점도 있다. 그때는 그 이유를 제안자에게 납득할 수 있도록 충분히 설명하여야 한다. 그렇지 않으면 '말해도 시간낭비', '제안해도 의미가 없다' 등의 불신감이 생겨 점점 제안이 줄어들게 될 것이다. 따라서 좋은 작업 현장의 인간관계가 아차사고 제안활동의 열쇠라고도 말할 수 있다.

내용 분석

아차사고 운동에서 여러 가지 제안이 제출된다면, 이 제안 내용을 다양한 각도에서 분석하는 것이 중요하다. 〈그림 1-12〉는 아차사고가 어느 레벨인지를 나타내는 분석 결과다. 제안된 내용은 작업 현장 내에서 발이 걸려 넘어지거나 구르는 일이 있었지만, 다행히 상처는 없었다. 즉, 육체적으로 등골이 오싹할 정도로 놀랐고 위험했었어도, 부상은 당하지 않은 것이다. 그렇지만 정신적으로 상당한 섬뜩함을 느꼈던 것이다.

이러한 상태로 작업을 계속했을 때, 불안전한 행동으로 이어질 수 있는 아차사고를 세 가지로 구분하였다. 아차사고 제안 내용을 비교하면 육체적인 충격보다도 정신적인 충격이, 정신적인 충격보다도 예상된 충격이, 작업 현장의 위험을 위험으로 느끼는 감수성

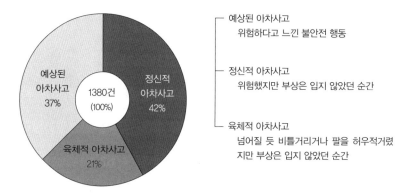

예상된 아차사고
위험하다고 느낀 불안전 행동

정신적 아차사고
위험했지만 부상은 입지 않았던 순간

육체적 아차사고
넘어질 듯 비틀거리거나 팔을 허우적거렸
지만 부상은 입지 않았던 순간

그림 1-12 아차사고 제안 내용의 분석 - 1

레벨이 높아진다.

예상되는 충격을 예를 들어 설명하자면, 작업표준서를 검토했을 때 특정 작업의 방법이 위험하기 때문에 작업 표준의 개정이 필요하다고 제안되는 경우이다. 그 제안 내용의 레벨은 매우 높다. 따라서 예상된 아차사고의 비율이 높은 작업 현장의 안전의식 레벨은 매우 높다는 것이다. 한편, 육체적인 아차사고가 많은 작업 현장은 재해로 이어지지는 않았지만, 재해요인이 매우 많은 작업 현장이며, 다방면에서 개선이 필요한 곳이다. 이와 같이 분석 결과를 검토해 보면, 그 작업 현장의 안전의식 레벨을 대략 가늠할 수 있게 된다.

또한 〈그림 1-13〉은 제안된 불안전한 행동이 왜 존재하였는지, 그 배경은 무엇인지를 파악하는 분석이다. '위험을 인지하지 못함', '연락 후 확인이 불충분함' 등은 그나마 나은 편이지만 '가능한데 실행하지 않았음', '위험하다고 알고 있지만 확인하지 않음' 등이 실

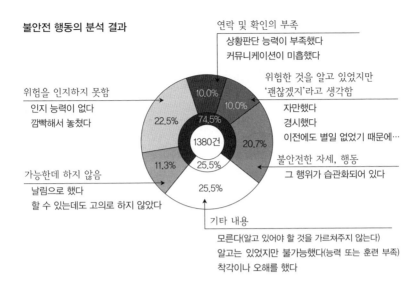

불안전 행동의 분석 결과

연락 및 확인의 부족
상황판단 능력이 부족했다
커뮤니케이션이 미흡했다

위험한 것을 알고 있었지만
'괜찮겠지'라고 생각함
자만했다
경시했다
이전에도 별일 없었기 때문에…

위험을 인지하지 못함
인지 능력이 없다
깜빡해서 놓쳤다

불안전한 자세, 행동
그 행위가 습관화되어 있다

가능한데 하지 않음
날림으로 했다
할 수 있는데도 고의로 하지 않았다

기타 내용
모른다(알고 있어야 할 것을 가르쳐주지 않는다)
알고는 있었지만 불가능했다(능력 또는 훈련 부족)
착각이나 오해를 했다

10.0% 10.0% 74.5% 20.7% 22.5% 11.3% 25.5% 25.5% 1380건

그림 1-13 아차사고 제안 내용의 분석 - 2

태로써 존재한다는 것을 분석 결과에서 확인할 수가 있었다. 장기
간에 걸쳐 불안전한 자세나 행동이 습관화되고 있는 작업 현장은
바로 시정해야 한다.

작업 현장의 실태를 파악한다

현장안전관리자는 그 작업 현장의 안전 관리 레벨이 어느 정도인
지, 그 내용에는 어떤 것들이 있는지를 확실하게 파악하고 이에 맞
는 활동을 계획해야 한다. 작업 현장 문제를 파악하는 키워드로 '삼
현(三現) 주의'라는 것이 있다. '현장'에서 '현물(現物, 실물)'을 보고
'현실'을 파악한다는 것이다. 현장안전관리자는 항상 발로 뛰어야

성과를 낼 수 있다는 것을 기억하고, 이를 게을리해서는 안 된다.

(9) 작업의 표준화

작업의 표준화

모든 작업은 표준화해야 한다. 모든 작업은 효율적인 생산을 수행하기 위해 제반 조건을 고려해서 재료, 설비, 사람을 가장 유효한 형태로 조합하는 것이다. 이와 함께 만들어지는 것이 작업표준서 또는 작업절차서라고 한다.

작업표준이란 'S(Safety)', 'Q(Quality)', 'C(Cost)', 'D(Delivery)'의 요구조건을 만족하는 작업 방법이나 절차를 통일화한 것을 말한다. 또한 최근에는 환경 관리가 모든 면에서 요구되고 있다. 따라서 이들에 'E(Environment)'를 추가하는 것도 중요하다. 물건 만들기(제조) 현장에 국한하지 않고 직접 작업과 간접 작업에 대해서도 기본적으로 모든 작업의 표준화가 필요하다.

일찍이 '안전 제일'이라는 하는 말이 있었다. 1906년 US스틸의 게리 사장은 자사의 제품을 세상에 팔기 위한 절대조건으로 '안전 제일'을 제창했고, 이것이 안전 관리의 표어가 되었다는 일화는 너무나도 유명하다. 그러나 시대의 흐름에 따라 기업 경영도 점점 변화가 일어났다. 즉, 현재는 안전은 물론이고 품질, 생산, 코스트, 환경관리 모두가 제일이 되어야 한다고 생각한다. 따라서 저자는 이를 '안전, 품질, 생산 그리고 환경'의 '일체화 추진'이라고 부르고 있다(그림 1-14).

기업이 품질 좋은 제품을 출시하기 위해서는 작업 현장의 안전보건이 확실하게 확보되어 있어야 한다. 안전보건관리가 확보된 작업 현장이라면 품질, 납기, 비용까지 문제없이 확보가 가능하다. 이를 위해 작업의 표준화가 필요한 것이다.

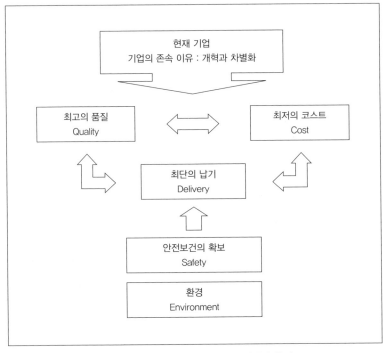

그림 1-14 S · Q · C · D + E 의 일체화 추진

작업표준서

작업표준서는 작업 현장에 누구나 쉽게 볼 수 있는 위치에 게시하고, 이에 따라 전원이 정해진 대로 작업을 실시해야 한다. 또한 작업표준서는 신입사원 교육, 작업 내용의 변경 교육 등에서 지도서로 사용한다면 가르치는 사람의 개인차를 없앨 수 있다. 나아가 최근 급속한 작업 방법의 변화와 더불어 베테랑 작업자의 포카 요케(poka-yoke), 즉 작업 방법이 바뀌었는데도 자신도 모르게 부주의해서 일으키고 마는, 생각지도 못했던 실패를 피하기 위한 룰로써 활용될 수 있다.

한편, 작업표준서를 항상 끊임없이 업데이트하는 것도 중요하다. 이를 위해서는 제정과 개정의 룰, 발행 경우에 확인과 승인을 어떻게 할 것인지에 관한 사내 규정을 확실하게 정해야 한다.

작업자의 자기계발에도 작업표준서를 사용한다. 내가 알고 있는 공장에서는 작업표준서를 체크하는 날을 매주 월요일로 정하고 '재해제로 서클활동'에서 그 작업 현장의 작업표준서를 몇 장씩 배포한다. 전원이 1주일에 걸쳐 내용을 검토하고, 그 다음 주 월요일에 토의하여 개선할 곳이 없는지에 대해 서로 의논한다. 그리고 또 다른 부분의 작업표준서를 배포하고 1주일간에 걸쳐 내용을 검토하는 활동을 실시하고 있다. 이러한 활동을 반복함으로써 전원이 그 작업 현장의 작업 내용을 이해함과 동시에 확인도 가능하다. 이는 다기능공을 육성하는 활동일 뿐만 아니라 작업 개선에 있어서도 흥미로운 활동이다.

어느 작업 현장에는 작업표준서에 일련의 코드 번호를 부여한 뒤, 컴퓨터를 이용하여 일정 기간마다 수정하는 시스템을 개발하였다. 수정해야 하는 내용을 '입력(input)'하지 않으면 계속해서 '수정하세요'라는 지시가 나타난다.

이처럼 다양한 방법을 통해 개선활동을 지속적으로 실시할 수 있다.

통합 작업, 단위 작업, 요소 작업, 기본 동작

작업표준서를 작성할 시에 작업 공정별로 대상 작업을 정리할 수 있다. 이는 '통합 작업 - 단위 작업 - 요소 작업 - 기본 동작'으로 구분된다. 어느 공정의 통합 작업은 몇 개의 단위 작업으로 나뉜다. 또한 단위 작업은 몇 개의 요소 작업으로 나뉘고, 요소 작업은 또 몇 개의 기본 동작(step)으로 나뉜다.

작업 순서를 작성할 때 어디까지를 대상으로 할 것인지, 즉 작업 순서의 작성 범위는 작업감독자(작업중의 노동자를 직접 지도 또는 감독하는 자)가 적절하게 관리 가능한 작업의 크기를 고려하여 정하는 것이 바람직하다. 작업표준서를 작성하는 경우 하나의 단위 작업을 대상으로 할지, 아니면 이것을 구성하는 준비 작업, 본 작업,

마무리 작업 등의 요소 작업을 개개의 대상으로 할지, 그 작업의 크기에 따라 결정하면 된다.

작업 순서를 작성하는 것은 4단계로 나누어 생각할 수 있다.

① '대상 작업'을 결정한다

⇩

② 작업 내용을 '기본 동작(step)'으로 분해한다

⇩

③ 가장 '좋은 순서'로 배열한다

⇩

④ 단계별로 '취약점'을 표시한다

작업을 기본 동작으로 나눌 때는 반드시 실제로 작업을 진행하면서 결정해야 한다. 최근 기계·설비 납품업체의 사양서를 단순히 그대로 베끼는 경우가 있는데, 이는 잘못된 것이다.

여기서 핵심은 안전 위생, 성공과 실패, 편리성(효율, 능률 등)이다. 작업표준서를 작성할 때 '불필요', '불합리', '불균형'을 배제하는 것이 중요하다. 이를 위해 핵심을 명확하게 표시해야 한다.

작업표준서는 직접 작업을 하는 작업자들을 대상으로 하기 때문에 무엇보다 '알기 쉽게' 만드는 것이 중요하다. 아무리 좋은 내용이라도 직접 작업에 종사하는 작업자의 안전과 연관되지 않는다면 의미가 없다. 실제로 해당 작업자에게 불가능한 것을 이것저것 써넣은 작업표준서는 당사자가 도저히 이해할 수 없다. 최근에는 메카트로닉스화, 하이테크화가 진행되면서 작업에 요구되는 조건이 복잡해지고, 이해하기 어려운 부분도 있으니 특별히 유의해야 한다. 컴퓨터가 점차 발달하면서 작업표준서에 사진이나 도면을 삽입하고, 문자도 보다 읽기 쉬워졌으며, 인쇄 품질도 선명하게 좋아졌다.

한편, 잘 만들어졌다는 작업표준서조차도 내용을 찬찬히 음미해보면 허울만 좋은 작업표준서인 경우가 있다. 외관보다는 내용이 무엇보다 중요하다. 작업표준서는 직접 작업하는 작업자를 위한 것이기 때문이다.

비정상 작업의 표준화

최근 비정상 작업으로 재해가 많이 발생하고 있다. 비정상 작업은 표준화하기가 상당히 어렵다. 하지만 비정상 작업도 그 작업 내용을 분해해보면 결국 단계는 동일하다. 이러한 단계의 조합을 고려하여 비정상 작업도 표준화할 수 있다. 최대한 표준화해야 한다. 비정상 작업에서의 사고에 대해서는 별도의 항에서 상세하게 설명하겠다.

호풍(呼風)

당나라 시대의 보철화상(寶徹和尙)과 제자의 선문답

부채(扇)로 바람을 만들고 있던 보철화상에게 제자가 물었다.

"경전에는 풍성상재(風性常在, 바람의 성질은 항상 존재한다)라고 설명하고 있는데, 스승께서는 왜 부채를 사용하는 것입니까?"

보철화상은 이렇게 회답했다.

"틀림없이 바람의 성질은 항상 존재하고 있다. 그러나 부채로 바람을 불러일으킬 때 비로소 움직임으로 나타나는 것이다. 즉, 바람의 성질(風性)이 늘 존재하는 것처럼, 불성(佛性, 누구도 본래 가지고 있는 불도가 되고자 하는 성질)도 누구나 구유(具有, 능력을 가지고 있는 것)하고 있지만, 발심(發心, 마음을 일으키는 것)이나 수련을 통해 그것이 명확해지는 것이다."

현장안전관리자는 직원들의 안전의식을 유지·향상시키기 위해 노력하고 있다. 본래 직원은 누구든지 안전의식을 가지고 있다. 즉, 자신이 부상당하는 것을 원치 않는다. 그것을 어떻게 불러일으킬 것인지는 현장안전관리자의 지혜와 연구에 달려 있다. 결국 '동기부여'가 가장 중요하다.

(10) 작업 현장 내 관리 라인에서의 안전활동

- 그 첫 번째

재해 사례로부터의 반성

안전활동은 작업 현장의 관리 라인을 중심으로 추진되어야 한다. 상당수의 재해는 물건을 만드는 현장에서 발생하는 경우가 많다. 최근 문제로 지적되고 있는 업무상의 교통재해도 업무와 직접 관련된 현장에서 발생했다. 그렇다면 관리 라인에서 안전활동을 도대체 어떻게 진행하는 것일까? 이는 재해 사례를 토대로 생각해봐야 한다.

부상자의 조치

어떤 재해가 발생한다면 가장 첫 번째로 해야할 일은 부상당한 사람을 구출하는 것이다. 산업의료기관 또는 가장 가까운 의료기관으로 이송하고, 경우에 따라서는 의사의 내원을 요청해야 한다.

누가, 어떻게, 무엇을 해야 하는지, 재해는 본래 예기치 않는 상태에서 일어나기 때문에 상당한 내공의 소유자가 아닌 이상, 당황하여 부산을 떨기 마련이다. 유사시 침착하고 적절한 조치가 이루어질 수 있도록 지휘명령계통이 명확하게 만들어져야 한다. 이것을 '조직체계 구축' 이라 한다.

사고 · 재해의 확대를 막는다

전원을 끄거나, 교환하거나, 밸브를 닫는 단순한 행동을 할 때도 항상 2차 재해나 사고 확대를 방지한다는 생각을 가져야 한다. 특히 최근 전자화된 기계들은 쉴 새 없이 움직인다. 이 때문에 기계가 정지한 경우 조건 대기로 잠시 정지한 것인지, 사이클 정지인지, 전원이 끊겨 완전히 정지한 것인지 확실히 알기가 힘들다.

더욱이 생산 설비의 대부분이 시스템으로 가동되고 있어, 한 대의 기계 · 설비가 하나의 독립된 개체로 가동되는 경우는 극히 드물다. 또한 에어실린더를 조합한 장치는 비상정지 버튼을 눌러도 실린더 내에 잔압이 남아 있어 생각지도 않게 움직이는 경우가 있다. 이 때문에 기계장치를 정지할 시 유의점을 확인해두는 것도 중요하다.

긴급 시 혹은 비상사태 발생 시의 그 조치를 명확하게 해둬야 한다. 즉 작업 순서, 긴급 시 명확한 조치, 일상적인 훈련이 중요하다.

커뮤니케이션의 정비

재해의 경우 관계자, 상사, 현장안전관리자, 본인의 가족 등 연락할 상대는 다양하다. 또한 전화, 구두, 문서 등을 통해 연락과 보고를 정비하는 것이 필요하다. 재해의 정도와 개요, 당면한 조치 내용은 신속하고 정확하게 보고해야 한다. 커뮤니케이션의 정비, 즉 정보전달 시스템의 정비가 필요하다.

재해 원인의 규명

2차 재해 발생에 대한 경계와 예방 조치가 충분히 취해지고, 피해자에 대한 구급처치가 완전하게 마무리되면 지체 없이 발생 원인을 조사해야 한다. 재해 발생의 원인은 복잡하다. 단순하게 원인을 추출하는 것은 쉽지 않다. 간접적인 원인과 잠재적인 원인이 얽혀서 재해 발생의 원인이 된 경우가 많기 때문이다.

또한 원인을 규명할 때 종종 재해가 발생한 때로 거슬러 올라가 조사하기 쉽다. 그러나 이것은 잘못된 것이다. 해당 작업자가 어떠한 작업을 했는지, 어느 시점에서 재해가 발생했는지 등 재해 발생에 이르는 과정을 시계열적으로 조사해야 한다.

물자의 관리(불안전한 상태): 안전장치, 원재료, 설비상의 결함

사람의 관리(불안전한 행동): 작업 위치, 순서, 행동상의 문제

더욱이 기준을 정비하고 안전점검 결과를 바탕으로 관리상의 문제를 구분한 뒤, 이에 대해 철저하게 조사하는 것이다. 특히 관리상의 문제점에 있어 불안전한 상태나 불안전한 행동의 발생 원인과 더불어 재해 발생의 방치 원인도 함께 조사해야 한다.

재해 조사를 할 때 부상자에게 정황에 대해 물어볼 필요가 있다. 이때 주의할 점은 결코 책임 추궁을 하지 않는 것이다. 사실을 사

실로 파악하기 위해서는 부상자에게 정황 청취를 신중하게 요구하는 것이 중요하다.

또한 중대 재해가 발생했을 때 부상자에게 정황 청취를 요구하는 것은 불가능하다. 따라서 목격자, 생산 공정 혹은 설비의 담당자, 그 외 다른 작업의 지휘자 혹은 공동 작업자를 통한 증언이나 여러 기록(속도, 압력, 정기 자주 검사 기록)에 관한 증거를 토대로 정비하는 것이 필요하다. 또한 일련의 조사가 완전히 종료하기까지 발생 현장의 상태를 유지하는 것도 중요하다.

재해 조사는 재해의 정도에 관계없이 행해야 한다. 불휴재해(不休災害, 근로자가 산업재해에 의한 부상 또는 질병을 요양하기 위해 1일 이상 쉬지 않는 재해)이니까 간단하게, 중대 재해이니까 신중하게 처리하는 것은 잘못된 것이다. 재해의 정도는 어디까지나 결과일 뿐이다. 어쩌다 재해의 정도가 경미하게 끝났을 뿐, 재해의 발생 원인은 같다는 것을 의식하고 조사하는 것이 중요하다. 일상 업무, 작업 공정, 일상의 관리, 감독자의 역할을 파악해야 하는 것이다.

대책의 실시와 팔로우업(follow up)

재해 조사가 끝났다면 곧바로 시정해야 한다. 동종 재해나 유사 재해를 두 번 다시 발생시키지 않기 위해 대책을 실시하는 것이다. 그러므로 대책은 동종 작업으로 횡전개하는 것이 중요하다.

당연한 이야기지만 대책은 설비 대책 등의 하드웨어적인 측면에만 국한되지 않는다. 시스템의 재정비, 관계자의 교육, 지시 명령 체계의 정비, 기준류의 정비 등 소프트웨어적인 측면도 필요하며, 또한 작업자 자신의 문제로써 인간의 특성을 이해한 대책(하트 측면)이 필요하다.

이를 PDCA의 관리 사이클이라고 한다(PDCA에 관한 구체적인 내용은 220페이지 참조). 한마디로 안전 관리의 라인화가 이루어지도록 체계적으로 실시해야 할 사항들을 정리하고, 관리 라인과 현장 안전관리자는 긴밀하게 연계되어 있다는 것을 이해해야 한다. 라인화라는 이름으로 모든 것을 라인의 책임으로 돌리는 것이 아니라, 어디까지나 라인과 담당자는 공동체라는 점을 잊지 말아야 한다. 이 일련의 흐름을 〈그림 1-15〉에 소개한다. 그림을 보면서 차분하게, 곰곰히 안전활동 추진 내용을 검토해주기 바란다.

(11) 작업 현장 내 관리 라인에서의 안전활동
- 그 두 번째

조직의 룰

앞의 사례를 검토하면서 알 수 있듯이, 직제 라인에서 안전활동

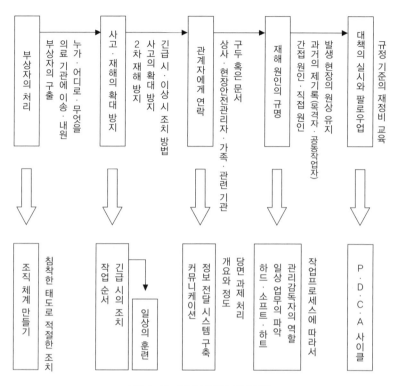

재해 사례를 통해 반성

부상자의 처리 / 부상자의 구출 / 의료 기관에 이송 · 내원 / 누가 · 어디로 · 무엇을

사고 · 재해의 확대 방지 / 2차 재해 방지 / 사고의 확대 방지 / 긴급 시 · 이상 시 조치 방법

관계자에게 연락 / 구두 혹은 문서 / 상사 · 현장안전관리자 · 가족 · 관련 기관

재해 원인의 규명 / 과거의 제기록(목격자 · 공동작업자) / 발생 현장의 원상 유지 / 간접 원인 · 직접 원인

대책의 실시와 팔로우업 / 규정 기준의 재정비 교육

침착한 태도로 적절한 조치 / 조직 체계 만들기

긴급 시의 조치 / 작업 순서 / 일상의 훈련

정보 전달 시스템 구축 / 커뮤니케이션

당면 과제 처리 / 개요와 정도 / 하드 · 소프트 · 하트 / 일상 업무의 파악 / 관리감독자의 역할 / 작업프로세스에 따라서

P · D · C · A 사이클

그림 1-15 관리 라인의 안전 활동

을 활성화하기 위해 반드시 해야 할 사항들이 매우 많다. 또한 이 것들은 단순히 안전활동에 국한된 것이 아니라 직제활동 그 자체다. 즉, 안전활동의 라인화는 기업의 조직활동 그 자체라고 할 수 있다. 따라서 먼저 조직의 룰이 확실하게 정비되어 있어야 한다.

조직의 룰은 다음과 같이 설명할 수 있다.

① 지휘 계통 통일의 원칙

각자가 자신을 지휘하는 사람과 자신이 지휘할 사람을 명확히 한다.

② 관리 가능 한계의 원칙

한 사람의 관리자가 모두를 관리하는 것은 불가능하므로, 각 관리자는 자신이 관리하는 범위를 명확히 한다.

③ 업무 할당의 원칙

누구에게, 누구를, 어디에서, 어떻게 같은 동질적인 것을 정리하여 중복이 없도록 하며, 반대로 누락도 없도록 구체적으로 할당한다.

④ 책임과 권한의 원칙

모든 업무에는 책임과 권한이 있다. 보통 권한을 이양한다는 말을 많이 한다. 권한의 이양은 필요하지만, 그 결과의 책임까지 이양하는 것은 불가능하다. 즉, 권한을 이양하여도 결과의 책임은 이양할 수 없는 것이다. 우선 이러한 조직의 룰을 정비하는 것이 가장 먼저 해야 할 일이다.

관리감독자의 역할

재해가 발생한 작업 현장에 가면 "아침 조례에서 전원에게 부상 당하지 않도록 주의를 주자마자…", "항상 부상당하지 않도록 조심하고 있는데도…"라는 말을 자주 듣는다.

바람이 강한 어느 날에 영주가 중신에게 '불조심하라'고 명하였다. 중신은 각 부처 장관에게, 장관은 행정 관리에게 순차적으로 '불조심하라'고 전달했지만, 그날 밤 화재가 나서 성이 모두 타버리고 말았다는 이야기가 있다.

이 두 이야기의 공통점은 무엇일까? 방침, 시책, 수단을 정확하고 구체적으로 전원에게 철저히 전달하는 것은 조직 활동의 기본이라는 점이다. 관리자는 탑으로부터 방침을 받아 그 내용, 목적을 숙지하고 부하에게 세분화하여 구체적으로 전달해야 한다. 부상당하지 않기 위해 혹은 사고를 일으키지 않기 위해 무엇을, 어디를, 어떻게, 언제할 것인지에 대해 상대가 이해할 수 있도록 지시해야 한다.

또한 지시대로 실시되고 있는지, 문제점은 없는지에 대해 팔로우 업을 해야 한다. 자신의 역할을 조직의 입장에서 생각하고, 자기 자신의 것으로 음미하여 부하 직원에게 전달하는 것이 중요하다.

보통 관리감독자라고 한마디로 표현하지만, 관리자와 감독자는 사실 전혀 다르다. 관리란 관할하고 처리하는 것을 말한다. 사전에 따르면 '관(管)'이란 문호를 열고 닫는 열쇠이며, '할(轄)'이란 바퀴가 벗어나는 것을 막는 쐐기로 되어 있다. 즉, 관리자란 탑의 방침을 음미하여 세분화하고 자신의 행동 계획을 작성하여 부하에게 지시하면서 자신도 직접 행동하는 사람이다. 또한 감독이란 두루 살펴 지시하거나 단속하는 것을 말한다. 즉, 감독자란 상사(관리자)의 행동 계획을 받아 부하(일반 작업자)와 함께 작업 현장에서 구체적인 활동을 전개하고 부하의 활동 상황을 관찰하면서 배려하는 사람이라 말할 수 있다(그림 1-16, 1-17).

현장안전관리자도 이러한 기능을 이해하고 관리자에 대한 지시와 감독자에 대한 지시를 구분해서 조정하는 것이 필요하다.

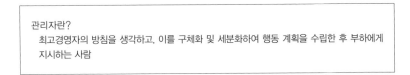

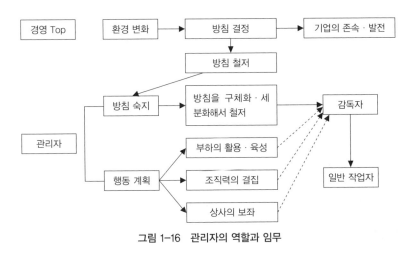

그림 1-16 관리자의 역할과 임무

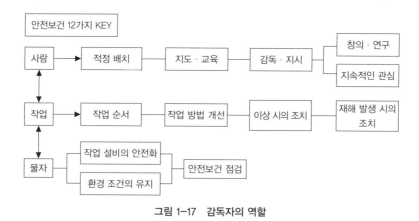

감독자란?
　작업 중에 부하(일반 작업자)의 작업을 직접 지도·감독하면서, 상사(관리자)의 행동 계획을 부
하와 함께 작업 현장 실상과 부합하는 구체적인 활동으로 전개하는 사람

안전보건 12가지 KEY

사람 → 적정 배치 → 지도·교육 → 감독·지시 → 창의·연구 / 지속적인 관심

작업 → 작업 순서 → 작업 방법 개선 → 이상 시의 조치 → 재해 발생 시의 조치

물자 → 작업 설비의 안전화 / 환경 조건의 유지 → 안전보건 점검

그림 1-17　감독자의 역할

조직 활동

　조직은 항상 행동해야 한다. 일부 경영자들은 우선 기업 조직을 만들면 쉽게 개정하는 것이 아니라고 말하지만, 여기에 저자는 다소 의문을 제기하고 싶다. 현상의 변화에 대응하여 조직 개혁이 추진되어야 한다고 생각한다.

　작업 현장의 룰도 작성했을 때는 신선했다 할지라도 시간이 흐름에 따라 변화하거나 잊게 되는 경우가 있다. 맑은 물도 움직이지 않고, 고이면 썩어버리고 만다.

　가정에서 요리나 케익을 만들 때 체를 사용한다. 체에 가루나 입상의 것을 넣고 흔들어 목적하는 것을 선별한다. 기업 조직도 움직일 때 비로소 목적을 달성한다. 그러므로 현장안전관리자는 조직을 움직이는 원동력이 되어야 한다.

조직 활동과 소집단 활동

재해제로그룹, QC서클 등의 명칭으로 안전활동은 소집단 활동으로 실시되는 경우가 많다. 소집단 활동이란 본래 바람직한 조직 활동을 보다 효과적으로 하기 위하여 모든 작업 현장의 직원 전원이 참가하여 활동하는 것이다. 다른 말로 하면 본래의 상하 관계의 조직 활동을 전 그룹의 활동으로 보전하는 것이 소집단 활동이다. 즉 탑 다운과 바텀업 활동을 유기적으로 연결시켜 전원이 목표를 달성하기 위해 노력하는 것이다. 따라서 조직 활동과 소집단 활동은 자연히 차이가 있을 수밖에 없다.

예를 들어 보호 안경을 착용해야 하는 작업임에도 불구하고 착용하지 않아 부상이 발생했다고 하자. 조직 활동에서는 왜 착용하지 않았던 것인지, 왜 규율을 무시한 것인지에 대한 원인 규명과 함께 반드시 정해진 보호구를 착용시킬 책임과 의무를 다해야 한다. 한편, 소집단 활동에서는 전원이 착용하려면 어떻게 하면 좋을 것인지, 어떻게 대처하고 실천할 것인지, 작업 현장 풍토를 어떻게 개선할 것인지를 전원이 토의하여 모두가 서로 소통하고 생각을 같이하면서 납득한 다음 행동하는 것이다. 따라서 전원이 진정으로 서로 소통하여 무엇이 문제이며, 그것을 해결하기 위해서는 어떻게 할지를 함께 생각하는 것과 서로 납득하는 것을 활동의 기본으로 하고 있다. 즉 팀워크를 중요하게 생각한다.

재해제로운동에서는 이 그룹 활동을 명확히 하기 위해 그룹이라는 표현을 일부러 '팀'이라고 부르고 있다. 이는 정말 딱 들어맞는 호칭이라고 생각한다(그림 1-18).

본래 조직 활동으로 받아들여야 할 사항을 소집단이라는 형태로 받아들이는 곳이 있다. 그래서 소집단 활동으로 혼동하여 책임 회피의 수단으로 이용할 수 있는 우려도 있다. 예를 들어 KYT를 하지 않아 부상이 발생하였기 때문에 대책을 KYT를 반드시 하는 것으로 정하는 것이다. 하지만 이런 생각은 당치도 않다.

팀 활동 참가의 장점 (5가지의 기쁨)	
자 기 방 어	부상이나 병으로부터 자기 자신을 지키는 기쁨
집 단 참 가	집단의 일원으로서 인정받는 기쁨
자 기 주 장	자신의 의견을 제시하는 기쁨
역 할 의 식	역할을 분담하고 체험 가능한 기쁨
자 기 계 발	서로 소통함으로써 배우는 기쁨

그림 1-18 팀 활동의 장점

현장안전관리자의 임무

'불상을 만들 때 만드는 사람의 혼이 담기지 않는다면, 그것은 단지 나무나 돌에 지나지 않는다'라는 말이 있다. 저자는 종교에 대해서는 그다지 잘 알지 못하지만, 가끔 쿄토의 고찰을 방문하곤 한다. 고찰에는 다양한 불상이 있다. 국보로 지정된 훌륭한 불상을 접하면 왠지 모르게 마음이 편안해진다.

먼 옛날 일본에는 불상을 만드는 기술이 없어서 멀리 수나라나 당나라로부터 초대된 불사(불상이나 부처 앞에 쓰는 제구[祭具] 따위를 만드는 사람)에 의해 기술이 전승되었고, 이후 가마쿠라 시대(1185년 ~1333년)에 운경(運慶), 쾌경(快慶) 같은 일본을 대표하는 불사가 기술을 계승하고 발전시켜 왔다고 전해지고 있다. 그 과정에서 불상에 혼을 불어넣기 위해 대대적으로 불도의 진리를 깨닫게 하는 개안(開眼) 법요를 따르게 하면서 불상에 부처님의 사리를 채워 넣었다고 전해지고 있다.

현장안전관리자는 조직 활동과 소집단 활동, 각각에 '혼'을 불어넣을 책임과 의무가 있다. 부처님의 사리에 상당하는 '현장안전관리자의 마음'을 담아서 정보를 제공하고, 하고자 하는 의욕을 끄집어내어 개안 법요에도 뒤떨어지지 않는 '동기부여'를 행하는 것이 현장안전관리자의 일이다.

우리는 "좋은 일을 하고 있네요."라는 말을 많이 하곤 한다. 현장

안전관리자에 있어서 좋은 일이란 생산 라인으로부터 신뢰받을 수 있는 정보로 관련된 모든 부서와의 업무를 조정하고 최고 경영층에 의견을 보고하는 것이다.

(12) 관리 방침과 연간 활동계획

관리 방침

안전활동을 전개할 때 사업장이나 기업으로서 일관되고 의연한 안전보건관리상의 기본 방침을 정하여 추진해야 한다. 최고경영층의 안전보건에 대한 추진 의지 및 자세를 표명하는 것이 기본 방침이다. 대기업의 경우는 전사적인 기본 방침을 토대로 사업장이나 공장의 기본 방침을 만들게 된다.

'노동안전보건 매니지먼트에 관한 지침' 제5조에서는 사업자의 안전보건방침의 표명과 노동자에게 이를 주지하도록 정하고 있다.[7]

사업자의 방침 표명에는 다음 내용을 포함해야 한다.

---

7 "노동안전보건 매니지먼트에 관한 지침"은 2006년 3월 10일 후생노동성 고시 제113호에 의해 개정되었다. 개정된 제5조는 다음과 같다. 1.사업자는 안전보건 방침을 표명하고, 노동자 및 관계 청부인, 기타 관계자에게 주지하도록 한다. 2.안전보건방침은 사업장에서 안전보건 수준의 향상을 도모하기 위해 안전보건에 관한 기본적인 생각을 제시하고 다음 사항을 포함한다. ①노동재해의 방지를 도모할 것 ②노동자의 협력하에 안전보건활동을 실시할 것 ③법 또는 이에 기준한 명령, 사업장에서 정한 안전보건에 관한 규정(이하 사업장 안전보건 규정이라고 함) 등을 준수할 것 ④노동안전보건 매니지먼트 시스템에 따라 수행하는 조치를 적절하게 실시할 것. 安全衛生情報センター, 法令一覧, http://www.jaish.gr.jp. 참조

① 노동자의 협력하에 안전보건활동을 실시할 것

② 노동안전보건관계법령과 사업장에 정해진 안전보건에 관한 규정 등을 준수할 것

③ 노동안전보건 매니지먼트 시스템을 적절하게 실시하고 운영할 것

또한 이를 효과적으로 노동자에게 주지하는 방법은 다음과 같다.

① 안전보건대회 등으로 사업자 스스로가 전 직원들에게 알린다

② 사내 사보 등으로 주지시킨다

③ 전 직원들에게 배포하는 사원 수첩에 게재한다

④ 각 작업 현장에 게시한다

⑤ 관리 조직을 통해 전달한다

⑥ 관련 내용을 카드로 만들어 배포한다

물론 이러한 것들이 자연스럽게 되는 것은 아니다. 경영층의 방침이 결정되면 현장안전관리자는 관련 자료의 게시나 과거의 문제점, 작업 현장의 실태 등에 대해서 의견을 보고하는 것이 당연한 의무라고 인식해야 한다.

문제와 문제점, 그리고 문제 해결

작업 현장 내 안전보건상의 문제를 토의하고 경영층의 방침을 결정할 때 문제와 문제점을 혼동하지 않아야 한다. 문제란 기대되는 수준과 현상의 차이(gap)를 말한다. 문제점이란 그 차이를 일으키는, 또는 일으키고 있는 그 원인(요인)을 말한다. 문제 해결은 문제점을 찾아 없애는 것이다(그림 1-19).

문제점에는 반드시 대책 마련의 원인이 있고, 작업 현장의 안전 확보는 문제점을 발견하고 이것을 해결하는 것이다. 또한 문제는 눈으로 보고 알 수 있는 문제(보이는 문제)로 국한되지 않는다. 잠재적인 문제나 찾아야 하는 문제(보이지 않는 문제)도 있다.

보이는 문제에서 보이지 않는 문제로 깊이 파고들어야 하는 것이다. 이것을 문제를 규명하여 문제를 해결한다 하여 문제 지향형 문제 해결이라고 하는데, 이를 위해서는 언제나 문제 의식을 갖을 필요가 있다(그림 1-20). 문제의식이란 현상을 단지 인정하는 것이

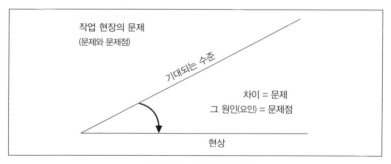

그림 1-19 문제와 문제점

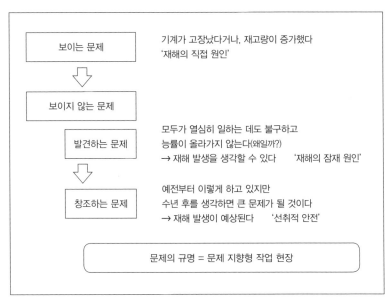

그림 1-20　작업 현장 문제

아니라 왜 그렇게 되었는지 지속적으로 의문을 갖는 것을 말한다. 문제와 문제점, 문제의식, 각각의 의미를 확실하게 이해하고 방침을 작성하여야 한다. 경영자의 방침은 단지 미사여구만을 나열하는 것은 아니다. 작업 현장의 문제 해결을 위해 목표에 맞는 내용으로 작성되어야 한다.

기본 방침

　관리 방침을 작성한 후 안전보건에 관한 기본적인 사고를 정리해 두는 것도 쉽게 이해하는데 도움이 된다고 생각한다. 〈그림 1-21〉은 저자가 근무했던 어느 공장의 기본적인 사고(기본 방침)이다. 밝

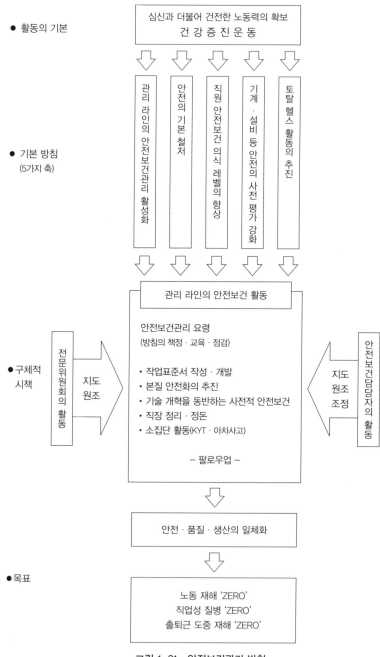

● 활동의 기본

심신과 더불어 건전한 노동력의 확보
건 강 증 진 운 동

● 기본 방침
 (5가지 축)

관리 라인의 안전보건관리 활성화

안전의 기본 철저

직원 안전보건 의식 레벨의 향상

기계 · 설비 등 안전의 사전 평가 강화

토탈 헬스 활동의 추진

관리 라인의 안전보건 활동

안전보건관리 요령
(방침의 책정 · 교육 · 점검)

● 구체적
 시책

전문위원회의 활동

지도
원조

• 작업표준서 작성 · 개발
• 본질 안전화의 추진
• 기술 개혁을 동반하는 사전적 안전보건
• 직장 정리 · 정돈
• 소집단 활동(KYT · 아차사고)

– 팔로우업 –

지도
원조
조정

안전보건담당자의 활동

안전 · 품질 · 생산의 일체화

● 목표

노동 재해 'ZERO'
직업성 질병 'ZERO'
출퇴근 도중 재해 'ZERO'

그림 1-21 안전보건관리 방침

은 몸과 마음과 더불어 건전한 직원의 건강 확보를 기본으로 한 다음과 같은 다섯 개의 축을 세웠다. 관리 조직을 중심으로 활동을 전개하고, 이것을 지도·원조하여 관련 부서와의 조정 등을 현장안전관리자가 실시한다. 그리고 공장 안전보건위원회의 하부 조직으로써 다양한 전문위원을 편성하여 전문적인 사항에 대해서 토의하고 공장 안전보건위원회에 제안, 심의, 결정을 한 후에 라인활동으로 전개하는 것이다.

방침 · 목표 · 수단

방침이 결정되면 다음은 목표다. 궁극의 목표는 물론 '재해제로'이지만 그 때문에 '어디를 어떻게 할 것인가'라는 구체적인 목표가 필요하다. 'OSHMS'에서는 목표에 대한 사고를 다음과 같이 해설하고 있다.

'안전보건 목표의 설정은 사업장 목표와 더불어 관련 부서별 목표도 작성하는 것이 바람직하다. 또한 도착점은 최종 목표 달성이 아닌, 일정한 사이클의 도착점으로 목표가 달성되면 다음 사이클에서는 더욱 업그레이드된 목표를 설정하는 것'이다.

다양한 활동을 추진한 다음, 어느 정도의 도달 목표를 정해두는 것이 중요하다. 이후 노력해서 목표를 달성한다면 직원들의 의욕을 불러일으킬 수 있을 것이다. 기대되는 수준을 최종 도달 목표로 하고 당면 목표를 구체적으로 정해 조금씩 업그레이드해가는 것이다. 목표를 세우는 방법도 여러 가지가 있지만 가장 평가하기 쉬운 목표로 하는 것이 좋다.

목표가 결정되면 다음은 어떻게 추진할지에 대한 구체적인 활동 수단을 정한다. 이것이 '활동계획'이다. 활동계획은 관계자, 특히 라인 담당자의 의견을 충분히 수렴하고 조정하여 납득할 수 있는 수단으로 전개가 되어야 한다.

월별로 전개해도 좋고 안전주간, 연말연시 등에 활동의 클라이맥스를 만들어 평가하는 것도 효과적이다. 어느 것이든 보다 구체적일 것, 어떤 작은 활동이라도 매일매일 축적해야 할 것, 반드시 한 단계 발전된 활동일 것, 이 세 가지의 활동계획을 만드는 것이 키포인트라고 생각한다.

(13) 연간 활동계획의 유지

연간 활동계획의 유지

우리는 신년을 맞이하면 왠지 모르게 한 해의 포부를 가슴에 품게 된다. 현장안전관리자는 이 포부를 지속하는 것이 중요하다. 신년에 품은 포부를 1년간 지속한다는 것은 매우 어려운 일이지만,

애써 중지를 모아서 작성한 연간 활동계획을 착실하게 실천해야 할 것이다. 이를 위해 현장안전관리자는 당초의 방침을 확실하게 인식하여 '재해제로'라고 하는 최종적인 목표를 실현하려는 자세와 더불어 열의가 샘솟는 1년이 되었으면 한다.

'왠지 모르게 좋은 한 해가 될 것 같은 겨울에 피는 동백꽃'이라고 하는 시조가 있다. 현장안전관리자는 가끔은 로망을 갈구하는 여유를 느낄지라도 기본 방침과 목표, 그리고 목표 달성의 수단인 활동계획을 확실히 몸에 익히고 충실히 안전활동을 추진해야 한다.

안전 기원

새로운 해를 맞이하면 많은 기업에서는 안전을 기원하며 신사나 절을 참배한다. 지금 시대에 안전 기원을 실시하는 것만으로 사고 · 재해가 '제로'가 된다고는 누구도 생각하지 않는다. 그러나 과거를 반성하고 다음 활동을 시작하는데 있어서 자기 자신을 돌아보고 생각을 새롭게 하는 의미에서 좋은 기회이기도 하다.

안전을 기원하며 고사를 지낸 음식으로 연회의 자리를 마련하여 '재해제로'의 실현을 기원하는 것도 하나의 지혜일 것이다.

현장안전관리자의 기개

재해제로운동의 프로그램 연구회(프로연)에 코디네이터로 참가했을 때 Q&A 시간에 이런 질문을 받은 적이 있다.

"결정된 시책을 조직의 말단까지 정착시키기 위해서는 어떻게 하면 좋을까요?"

저자는 이에 대해 이렇게 답변하였다.

"만약 당신이 KYT를 작업 현장에 정착시키고 싶다고 생각한다면, 본인 스스로 먼저 솔선수범하는 수밖에 없습니다."

또 다른 질문으로 '매너리즘 대책'에 대해서도 질문이 있었다. 이에 대해 저자는 답변했다.

"안전활동에 매너리즘은 있을 수 없습니다. 자기 자신이 실시해야 할 일을 하지 않고, 실시 사항에 대한 문제점을 충분히 토의하지 않아서 안이하게 빠져버리는 매너리즘, 그것이 문제입니다."

이것이 현장안전관리자에게 다소 엄격한 대답이 되었을지도 모르겠다. 하지만 현장안전관리자는 자신이 하고자 하는 이상, 먼저 자신부터 실천한다고 하는 기개를 가져야 한다고 생각한다.

안전활동의 계획

신년을 맞이하여 새로운 운동을 전개하는 경우가 많이 있다. 새로운 활동을 전개할 때 중요한 것은 주도면밀한 도입 계획을 수립하는 것이다. 현장의 작업자 전원을 이해시키기 위해 최선을 다해야 한다. 운동의 취지, 내용, 실시 순서 등에 대해서 현장을 중심으로 한 설명회나 미팅 등을 통해 의견 교환을 계획적으로 실시하고 전원의 이해와 협력을 이끌어내는 것이다.

다음은 각급 관리자의 자세이다. 어떤 훌륭한 계획도 관리자 스스로가 수행 책임자라고 하는 의식을 가지지 않으면 성공할 수 없다. 관리자에 대한 동기부여도 현장안전관리자의 임무이다.

팔로우업

모든 활동은 평가받아야 한다. 그것도 최대한 계량적으로 평가되어야 한다. 계량적인 평가란 단순한 재해 발생 건수를 가리키는 것이 아니다. 물론 모든 안전활동을 수치로 나타내는 것은 어려운 것이지만, 가능하면 수치적으로 판단 가능한 '기준'을 만들어야 한다.

OSHMS에서 권장하고 있는 리스크 에세스먼트는 종래 정성적으로 평가하고 있던 작업 현장의 리스크를 정량적으로 평가하는 수법이다. 이 방법을 참고해서 다양한 안전활동의 평가도 정량적으로 행해야 한다. 어떤 기업에서는 안전활동 결과를 수치화하여 레이더 차트로 나타내는 곳도 있다. 작업 현장 내 다양한 생각과 모두가 알기 쉬운 표현을 통해 먼저 작업 현장에서 독자적으로 평가를 한 뒤, 구체적인 다음 목표를 세우고 이를 향해 도전하는 것이다.

직제 라인의 자주 활동을 활성화시키기 위해서는 먼저 직제 라인이 스스로 평가한 다음에 자주적인 목표를 정리하는 것이다. 그런

다음 현장안전관리자로서 그것을 평가를 한다. 결코 현장안전관리자가 먼저 상대를 평가하지 않는 것이다.

(14) 작업 현장 순시

안티 패트롤

안전활동 중에 '안전 패트롤'이라고 하는 것이 있다. 다양한 행사 중에도 자주 안전 패트롤을 실시한다는 말을 사용한다. 그런데 저자는 안전 패트롤이라고 하는 말을 그다지 좋아하지 않는다. 패트롤이란 무언가를 지적하고 개선시키는 나쁜 부분을 찾아낸다는 의미가 강하고, 또한 지켜본다고 하는 느낌마저 든다. 이 방식은 보통 현장안전관리자가 작업 현장을 순찰하고 여러 가지를 지적한 뒤, 일정 기일까지 개선을 지시한다. 지적된 작업 현장은 다양한 고민을 하고 그 나름대로의 개선보고서를 제출한다. 하지만 이러한 활동으로는 진정한 안전작업 현장이 완성되지 않는다고 생각한다.

오히려 작업 현장과 한 몸이 되어 활동 추진에 대한 문제점을 함께 고민하고 토의하여 관련자를 조정하는 그러한 현장안전관리자가 되어주기를 기대한다. 따라서 안전 패트롤이 아닌 '안전 순시', '작업 현장 순시'라고 하는 말을 굳이 사용하고 싶은 것이다.

순시자에 따라 목적이 바뀐다

먼저 '누가 순시하는가'가 중요하다. 순시를 하는 사람에 따라 목적이 전혀 달라지기 때문이다. 예를 들어 기업(사업장) 내 최고경영자의 작업 현장 순시는 회사 방침의 진척 상황을 파악하기 위한 실태 파악이 주목적이다. 작업 현장 직원들의 입장에서는 있는 그대로의 모습을 최고경영자에게 설명할 절호의 기회이기도 하다.

한편 관리자가 작업 현장을 순시할 때 당일 아침 미팅에서 확인된 안전 강조 항목을 작업자가 얼마나 잘 이행하고 있는지, 안전 작업이 잘 되고 있는지를 확인하는 것과 더불어 작업자를 '격려'하는 것도 잊지 말아야 한다.

재해제로운동에서 행하고 있는 '질문 KYT' 수법은 관리자의 작업 현장 순시에 매우 잘 맞는 적절한 방법이라고 생각한다. 즉, 작업자들을 치하하고 위로하면서도 작업 전 KYT의 내용, 작업 중 위험에 대한 반문, 그 후에 있을 변화에 대한 확인이라는 일련의 흐름을 수행할 수 있기 때문이다.

작업 현장 간 상호 순시는 서로의 문제점에 대해서 토의하고 문제해결 능력에 대해 상호가 깊이 연구하여, 좋은 사례는 횡전개를 하기 위한 방법이다.

이처럼 '작업 현장 순시'라고 하더라도 누가 순시하는가에 따라 그 내용과 목적이 전혀 다르다는 것을 이해하는 것이 중요하다. 작업 현장 순시에 대해서 정리한 것이 〈표 1-2〉이다.

순시 테마를 결정한다

순시를 행할 때는 그날의 테마를 명확하게 결정해둬야 한다. 아무런 생각 없이 작업 현장을 순회한다는 것은 시간적으로 비효율적일 뿐더러 문제점도 충분히 파악할 수 없다. '오늘은 보호안경 착

누가	목적
최고경영자, 공장장	현장의 실태 파악 방침의 침투 상황 확인과 활동 실태 조사 현장에서는 실태를 설명할 수 있는 기회
안전보건위원회 회원	현장의 현상 파악, 문제점 발굴 활동 내용의 확인
1일 안전관리자 순시	데몬스트레이션 (각종 행사의 일환으로써 실시)
여성의 순시	시야를 바꾸는 순시(발상의 전환)
계층별 순시 (예: 입사 후 일정 기간 근무한 자)	순시자 개별 교육
현장관리자	스스로 현장의 당일 작업 내용 파악 (KYT의 확인) 작업자를 격려
현장 상호담당자 (현장 상호 순시)	현장 실태 조사 좋은 사례의 전파 상호 계발
공장의 순시담당자 (현장 대표자, 담당자)	현장의 문제 해결 현장의 실태 파악과 전파
현장안전관리자	현장의 실태 파악과 관련처 조정

표 1-2 작업 현장 순시의 종류와 목적

용 상황을 집중적으로 보겠다'라든지, '비상정지 스위치의 위치를 집중적으로 보겠다'와 같이 목적을 확실하게 정하는 것이다. 만약 작업자의 작업 행동을 본다고 한다면, 적어도 작업 행동의 하나의 사이클을 관찰해야 한다.

작업 현장 문제를 체계적으로 파악하는 방법으로 '정점 관찰'이 있다. 일정 장소를 일정 기간 계속해서 관찰하는 방법이다. 최근에는 비디오를 사용하여 일정 장소를 일정 기간 동안 지속적으로 촬영하고 관찰하기도 한다. 하지만 부하에게 주는 영향을 생각한다면, 관리자가 직접 눈으로 보고 관찰하는 것이 훨씬 효과가 좋다.

또한 새로운 룰을 제정할 때 그 실시 상황을 확인하고 개선점은 없는지를 확인하는 순시도 있다. 진행은 잘 되고 있는지, 관련자들이 룰을 잘 이해하고 있는지, 무리한 룰을 정한 것은 아닌지 등에 대하여 확인하는 것도 흥미로운 일이다. 무엇보다 중요한 것은 어디에 초점을 맞춰 순시할 것인지, 순시 테마를 사전에 명확히 결정하는 것이다.

작업 현장 순시는 잘못을 찾는 것이 아니다

작업 현장 순시의 진정한 목적은 '보다 좋은 작업 환경과 보다 안전한 작업 현장'을 창출하기 위한 개선점에 대해 관련자들과 토의하는 것이다. 즉, 순시를 수행하는 사람이 작업 현장의 관련자와 대책을 함께 생각해보는 문제해결형의 순시인 것이다. 단순히 문제를 지적하는(잘못을 찾는) 순시라고 생각한다면, 순시에 대해서 다시 한 번 생각해보고 이를 바로 잡아야 한다.

문제점의 정리와 사후 처리

검토한 결과 결정한 대책은 향후에도 지속적으로 팔로우하고 그 결과를 정리해야 한다. 당연한 이야기이지만 이 모든 것들이 현장 안전관리자와 관련된 일이다.

훌륭한 대책이 마련되었지만, 막대한 자금이 필요한 경우가 있다. 또한 다른 작업 현장의 협력이 필요한 경우도 있다. 이처럼 관련 부서들과의 절충도 중요하다.

대책은 반드시 하드웨어 측면만의 대책으로 한정되지 않는다. 교육의 실시나 체제의 문제, 외부 기관과의 조정 등 소프트웨어 측면의 대책도 있다. 이와 같이 순시 결과를 정리하고 조정하는 일은 현장안전관리자가 솔선수범하여 행해야 한다. 현장안전관리자가 먼저 행동한다면 직제 라인으로부터 '신뢰받는 현장안전관리자'로서 존경받을 것이다.

(15) 안전점검

안전점검은 필수

작업 현장의 안전을 유지하고 확보한 후에는 반드시 안전점검을 해야 한다. 일단 사고 · 재해가 발생하게 되면, 안전점검이 얼마나 이루어졌는지가 논의 대상이 된다. 노동안전보건법은 일정 기간마다 실시하는 정기 점검과 작업 개시 전에 실시하는 점검이 정해져 있지만, 이러한 점검만으로는 작업 현장의 안전이 확보될 수 없다.

작업 현장마다 기계장치별로 독자적인 안전점검을 실시하는 것이 중요하다. 기계 · 설비, 공구, 안전장치, 유해물 억제장치, 보호구 등의 장비가 신제품일 때는 성능이 우수하지만, 시간이 경과하면서 재질이 열화 혹은 마모되어 성능이 저해되어 간다. 또한 일상에서 사용되고 있는 작업 설비 등도 가끔씩 이상을 일으킬 수 있다. 이러한 이상 · 변화를 조기에 발견하여 적절한 조치를 강구하기 위해 안전점검을 행하는 것이다(그림 1-22).

정상과 이상

여기서는 정상과 이상에 대해서 생각해보려고 한다. 예를 들어 자가용을 탈 때 우리는 엔진에 시동을 건다. 당연히 어느 정도 소리가 나면서 진동도 있을 것이다. 그 소리나 진동이 평소와 같다면

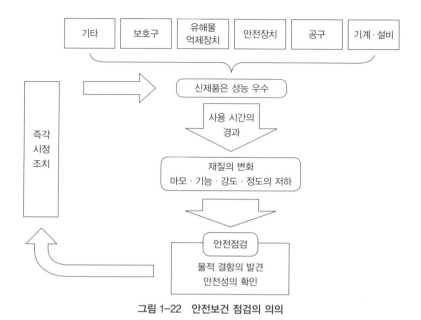

그림 1-22 안전보건 점검의 의의

정상이다. 엔진오일이 없다거나 엔진에 어떠한 문제가 있다면 평소의 소리와는 다를 것이다.

즉, 정상이란 기준대로 모든 것이 운영되고 있는 상태, 문제가 없는 상태를 말한다. 반대로 이상이란 기준으로부터 벗어난 상태, 문제가 있는 상태를 말한다. 이 때의 기준이란 법령이나 기술 지침, 작업 기준, 작업 순서 등 다양한 룰을 말한다.

안전점검의 제도화

안전점검을 바르게 실시한다는 것은 기업(사무소)이나 작업 현장에 필요한 안전점검을 제도화하는 것을 뜻한다.

- 누가 실시할 것인가

- 언제 실시할 것인가

- 무엇을 어떻게 실시할 것인가

- 결함이 있었을 경우 조치 방법은 무엇인가

- 조치의 결과를 누가 확인할 것인가

- 점검 결과의 기록은 어떻게 할 것인가

　즉, 이 사항들을 제도화하는 것이다. 이 사항들이 제도화된 것을 '안전점검 기준' 또는 '안전점검 규정 매뉴얼'이라고 부른다(그림 1-23).

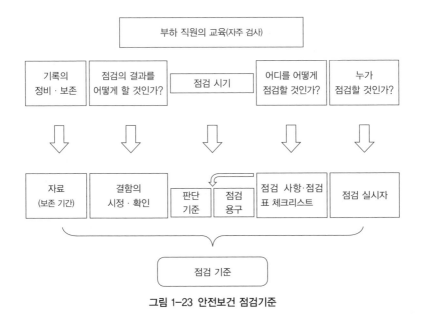

그림 1-23 안전보건 점검기준

판정 기준과 점검 방법을 명확하게

무엇을 어떻게 점검할 것인가를 명확하게 하기 위해 대부분의 경우 '체크리스트'를 작성한다. 그런데 체크리스트 작성 시 체크 항목만을 나열하는 경우가 많다. 이 방법이 점검의 착안점으로는 유효할 수도 있지만, 체크한 결과가 '좋았다' 혹은 '나빴다' 하는 점은 판단할 수 없다. 따라서 체크리스트에는 반드시 항목별 판단 기준이 명확해야 한다.

'압력은 ○○Pa에서 ○○Pa까지가 정상인지', '마모는 ○○mm이며 이것이 정상인지'라고 하는 상태를 반드시 수치화된 판단 기준으로 정하는 것이다. 또한 직접 눈으로 확인할 것인지, 기기를 사용할 것인지에 대한 점검 방법도 명확히 하는 것이 필요하다.

측정이 필요하다면 그 측정 방법도 명확히 해야 한다. 왜냐하면 점검자가 반드시 동일 인물이라고 단정할 수 없고, 측정 능력에도 개인차가 발생하기 때문이다. 만약 점검자에 따라 측정 결과가 차이가 난다면, 이는 올바른 점검이라고 할 수 없을 것이다.

최근 기계장치가 전자화되면서 제어시스템이 복잡해졌다. 사용자의 체크리스트 작성이 더욱 어렵게 된 것이다. 그리하여 장치를 생산하는 메이커 측이 제시하는 점검 내용을 제대로 숙지하지 않고 점검을 진행하는 경우가 있는데, 이는 매우 위험한 판단이다. 어디까지나 장치를 사용하는 것은 사용자 측의 오퍼레이터이다. 장치

생산자가 제시하는 것을 기반으로 하여 사용자는 사용하는 입장에서 내용을 확인하고 연구해야 한다.

점검 결과도 명확하게

점검 결과는 반드시 기록해야 한다. 수치화한 점검 결과도 반드시 수치로 기록한다. 대다수가 점검 결과를 기록하는 방법으로 ○× 체크리스트를 활용하곤 한다. 하지만 이것만으로는 점검 결과가 이후에 어떻게 적용되는지 확인할 수 없고, 점검을 제대로 진행하지 않은 채 적당히 ○×를 체크할 경우도 생길 수 있다. 이러한 것을 방지하기 위해서도 반드시 수치를 기입하는 것이 바람직하다.

점검 결과를 기록하는 방법으로 자동차 점검에 사용되고 있는 〈표 1-3〉이 가장 알기 쉬운 표시 방법이라고 생각한다. 보다 다양한 기록 방법을 연구하는 것이 필요하다.

안전점검에 결함이 있다면

안전점검의 의의에서도 설명했듯이 점검은 이상을 발견하고 올

점검	√	조정	A
분해	○	조임	T
교환	×	청소	C
수리	△	급유	L

표 1-3 작업 현장 순시의 종류와 목적

바른 상태로 시정 조치를 강구하려는 것이 목적이다. 따라서 점검 결과에서 이상 혹은 결함이 발생했을 경우에는 그 조치 방법을 명확하게 결정해야 한다.

만약 중대한 결함이 발생했을 경우에는 그 해당 기계 · 설비에 '사용 금지' 조치를 취해야 한다. 사고 · 재해가 발생한 후 "사실 그 장치는 조금 문제가 있었어."라고 말한다는 것은 있을 수 없는 일이다. 시정할 경우에는 시정할 경로나 조치 방법을 알아본 뒤, 점검 결과의 사후처리를 확실하게 정하는 것이 중요하다.

안전점검 결과의 확인

점검 결과를 '누가' 확인하느냐에 따라서 그 점검 제도의 성공과 실패를 좌우한다 해도 과언이 아니다. 일상적으로 실시되는 점검 결과를 누가 팔로우 하느냐, 결함이 있어 시정할 경우에는 그 시정 결과를 누가 판단하고 사용을 개시하느냐 하는 점이 매우 중요하다.

점검 결과는 반드시 작업 현장의 관리자가 확인해야 한다. 물론 올바른 방법으로 확인해야 한다. 가끔 바쁘다는 핑계로 아무렇지도 않게 도장만 찍고 가는 경우도 있는데, 이는 '올바른 점검 결과의 확인'이라고 할 수 없다.

"안전 점검 결과에 '이상 없음'이 3회 이상 계속된다면 조심해야 한다."라는 말이 있다. 항상 분명하게 점검 결과를 확인한다면 기계장치의 성질이나 특징은 자연스럽게 파악할 수 있다. 그러므로 모든 안전활동은 팔로우업이 가장 중요하다.

안전점검의 확인 방법

안전점검의 확인 방법으로 '지적 확인(指差呼稱)'[8]이 있다. 체크 리스트 항목에 따라 차례대로 점검을 실시할 때, 단순히 침묵으로 일관하며 점검하는 것이 아니라 점검할 곳을 손으로 가리키고 소리를 내면서 확인해야 한다. 하지만 이것이 다가 아니다. 점검의 결과도 소리 내어 외쳐야 한다. "프레셔 게이지 ○○Ps 이상!", "연삭바퀴 · 워크레스트(공작기계 부품의 일종) 간격 3mm 이상!"이라고 하는 식이다. 작업 현장 내 확인 방법으로 '지적 확인'보다 더 좋은 것은 없다.

① 대상을 본다	② 손가락으로 가리킨다	③ 손을 귓전으로	④ 손을 내리친다
• 호칭 항목을 '○○'라고 외치면서 • 오른손을 앞으로 쭉 뻗고 • 검지 손가락으로 대상을 가리키며 • 대상을 확실하게 본다	• 오른손을 귓전까지 들어 올리면서 • 정말 좋은지를 생각하면서 확인한다	• 확인되면 • '좋아'라고 외치면서 • 확인 대상을 향해 손을 내리친다	

---

8 위험예지활동(KYT)의 일환으로써 신호, 표식, 계기, 작업 대상, 안전 확인 등의 목적으로 손가락으로 가리키면서 그 명칭과 상태를 소리 내어 확인하며, 이때 상황에 따라 손이나 발을 사용하기도 한다.

삼혜(三慧)

다이쇼우 대학의 교수였던 다카가미 카쿠쇼우(高神覺昇, 불교학자) 씨의 반야심경 해설 강좌 중에 '삼혜'라는 것이 나온다.

세 가지 지혜, 이것을 삼혜라고 한다.

- 문혜(聞慧) 귀로부터 듣는 지혜
지혜에는 틀림없지만, 진정한 지혜는 아니다.

- 사혜(思慧) 생각하는 지혜
귀로부터 들은 지혜를 토대로 다시 한 번 재고한 지혜
상당히 높은 레벨의 지혜라고 할 수 있다.

- 수혜(修慧) 실천을 통해 파악하고 이해한 지혜
스스로가 행동(修業)하는 가운데 얻은 지혜로 이것이 진정한 지혜라고 할 수 있다.

우리들은 다양한 강연회에 참석하여 교육을 받고 있다. 강연회의 교육 내용은 그냥 단순히 듣는 지혜이며 진정한 지혜가 아니다. 강연회에서 들은 내용을 자기 방식으로 생각하고 이해한 지식을 통해 스스로 행동할 때 비로소 진정한 지혜가 된다고 말할 수 있다.

현장안전관리자는 무엇보다 먼저 행동하는 것이 중요하다.

(16) 살아있는 안전교육

안전에 상식이란 없다

다도(茶道)로 유명한 어느 종가에서 쓴 책을 읽을 기회가 있었다. 확실한 이유는 모르지만, 최근 신부 수업으로서 다도를 시작하는 여성이 많다고 한다. 이는 정말로 바람직한 현상이라 생각한다. 일본의 전통적 종합 예술의 정수로서 그 계승과 더불어 뜻을 같이하는 사람들이 보다 많아지기를 기대한다.

다도란 주인이 손님을 대응할 때 서로 마음을 담아 저절로 경애하는 기분이 솟아나도록 하는 것을 말한다. 이는 손님에 대한 깊은 배려가 기본이 된다. 여기서 건강한 인간관계가 만들어지고, 물건을 소중히 하여 만물을 살린다는 세계관으로 통하고 있다. 따라서 일상의 단정한 몸가짐과 마음가짐, 기본적으로 존재하는 (상식과 같은) 것들을 위해 다도가 존재한다고 말한다.

하지만 최근에는 그 기본적이고 상식적인 것들도 알지 못하는 사람들이 많이 있다. 현관에서 신발 벗는 방법, 실내에서의 행동거지, 인사 등은 아주 기본적인 상식이다. 물론 이런 것들까지 포함하여 다도라고 하지는 않는다.

학생에게 이런 상식적인 것들을 주의하라고 하면, 배운 적이 없다고 말하는 학생이 있다. 다도를 배우면 모든 예의범절도 배운다고 잘못 알고 있는 사람이 많다. 이른바 상식과 인식의 차이로 고생하는 경우가 많다며 종갓집은 탄식하고 있다.

작업 현장의 안전교육

작업 현장의 안전교육도 다도의 경우와 비슷하다고 할 수 있다. 어떤 것을 주의하라고 하면 직원들은 이에 대해 들은 바가 없다거나 배운 적이 없다고 말한다. 누군가는 "지금 와서 무슨 말입니까?"라고 외치며 반발한다. 주의를 준 사람들은 이러한 상식적인 부분까지 이야기해야 하는지 한탄하기도 한다.

코지엔(広辞苑, 일본의 대표적인 출판사인 이와나미[岩波]에서 발행한 일본어 사전)에 따르면 상식이란 보통 일반인이 갖고 있는, 또는 갖추어야만 하는 표준 지식이라고 한다. 하지만 일반적인 상식에 있어서 습관적으로 주의를 주는 사람과 받는 사람의 수준이 반드시 일치하지 않는다. 따라서 이 '일반적'이라는 표현은 매우 애매하다. 그러나 현장안전관리자는 이를 충분히 의식해야 한다.

안전교육은 상대의 수준을 고려해야

안전교육은 일반적인 교육과는 전혀 다르다. 일반적인 교육은 교육받는 입장에서 배운 내용을 그대로 지식으로 이해하면 되지만, 안전교육은 지식으로 이해하는 것만으로는 불충분하다. 우선 내용을 확실하게 이해하는 것은 기본이고, 그 이해를 바탕으로 '행동'을 해야 비로소 안전교육을 받았다고 말할 수 있다. 더욱이 지속적으로 행동해야 한다. 안전교육은 상대를 육성한다고 하는 마음을 담아서 행해야 한다(그림 1-24).

이를 위해 교육을 할 때 항상 '상대의 수준'을 고려해야 한다. 특히 신입사원을 대상으로 하는 안전교육은 특히 유의해야 한다. 전

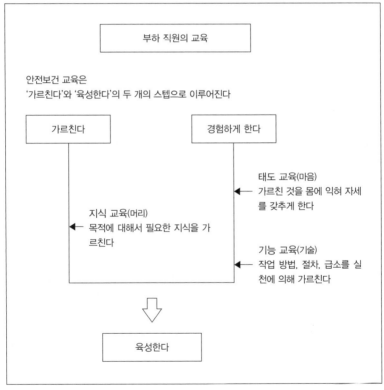

그림 1-24 안전보건 교육
(중앙노동재해방지협회 안전보건 교육센터 〈RST교재〉에서 발췌)

날까지 학생이던 사람이 사회인이 되어 지금까지는 의식하지 못했던 '안전'에 대해서 접하는 것이기 때문이다. 또한 파견 근로자나 파트타임 근로자의 경우에는 이전에 근무했던 회사의 풍토와 전혀 다른 회사에서 근무해야 한다. 그러므로 교육을 실시하는 측은 이런 측면들을 유의하지 않으면, 좋은 취지로 하는 교육이 효과를 발휘할 수 없게 된다.

이야기하는 방식 10가지

〈표 1-4〉는 다양한 교육을 받는 사람에게 여러 방면에서 질문한 앙케이트 조사의 내용을 바탕으로, 수강자 입장에서 강사에게 요구하는 사항을 정리한 것이다. 이른바 '이야기하는 방식 10가지'이다. 이 10가지에 유머를 추가하는 것도 고려했으면 한다.

오오사카 안전보건 교육센터의 어떤 강사는 "교육이란 4컷 만화와 같습니다."라고 말했다. 즉, 기승전결이다. 첫 번째 컷에서 독자를 솔깃하게 하고, 두 번째 컷에서 내용을 이야기하고, 세 번째 컷에서 이를 발전시키며, 네 번째 컷에서 유머를 가미하고 정리해서 결론을 낸다. 이는 매우 재미있는 사고라고 생각한다. 안전교육도 다양하게 연구한다면, 수강자에게 더 좋은 영향을 미칠 것이라 생각한다.

제1조 강사는 강의 내용을 숙지하고 있을 것	강의 내용을 숙지하고 있어야 한다. 타인(부하)이 작성한 원고를 그대로 읽지 말아야 한다. 반드시 강의 원고는 스스로 작성해야 한다.
제2조 도입부를 중시할 것	강의는 기승전결(도입, 제시, 적용, 확인)로 구분된다. 도입부를 통해 수강자의 긴장감, 불안감을 불식시킨다. (누구도 즐거운 마음으로 수강하지는 않으므로)
제3조 강의 내용은 구체적일 것	내용은 구체적이어야 한다. 추상적인 미사여구는 전혀 의미가 없다. 실제 있었던 사례는 수강자들을 솔깃하게 만든다.
제4조 다양한 변화를 줄 것	단조로운 강의일수록 듣는 측은 흥미가 없다.
제5조 체계적일 것	'세 가지를 이야기해보겠다', '나의 이야기는 전체적으로 다섯 가지다'와 같이 체계적으로 말하면 듣는 입장에서 훨씬 이해하기 쉬워진다.
제6조 적당히 질문할 것	듣는 이의 긴장감을 유지하고, 이해도를 파악하기 위해 적당한 질문이 필요하다.
제7조 몇 번씩 반복할 것	중요한 부분, 요점, 키워드 등은 몇 번이고 반복해서 상대에게 강한 인상을 줘야 한다.
제8조 배려하여 칠판에 적을 것	수강자가 메모하기 쉽도록 체계적이고 구조적으로 칠판에 적는다. 강의 전에 반드시 칠판에 적을 내용을 정리해두어야 한다.
제9조 전달 방법에 대해 고민할 것	마지막 열에 앉은 사람도 충분히 들을 수 있는 목소리, 정확한 발음, 수강생이 알아들을 수 있는 말투를 사용한다. "음, 저, 어" 등의 불필요한 말들은 듣는 사람에게 불쾌감을 준다. 또한 "말이 서툴러서…", "좋아지고 있기 때문에…" 등의 말은 강의의 신뢰감을 저하시킨다. 이러한 습관들이 있다면 연구하여 개선하려는 노력이 필요하다.
제10조 열의가 있을 것	무엇이든 열의가 있으면 통한다. 자신감을 갖고 전진해야 한다.

표 1-4 이야기하는 방식 10개조
(수강자가 강사에게 요구하는 10개조)

(17) 안전위원회

안전위원회의 조직화

노동안전보건법에서는 상시 50인 이상의 노동자를 고용한 사업장에서는 안전위원회의 설치가 의무화되어 있다(일정 업종에서는 100명 이상). 법적인 근거가 어찌되었든 기업(공장)의 입장에서 안전 관리를 심의하는 이상 안전위원회가 가장 중요한 회의체인 것은 자명하다. 그러나 기업의 규모가 커질수록 더 이상 하나의 위원회로는 공장 전체의 필요사항을 심의하는 것은 불가능해진다. 따라서 중앙(공장)안전위원회의 설치와 더불어 하부 조직으로서 작업 현장별 안전위원회를 설치하게 된다.

또한 제조업의 경우에는 하나의 공장 안에 다양한 업태의 작업 현장들이 있다. 그래서 최신 기계장치의 메카트로닉스(전자공학과 기계공학을 결합한 학문 분야)화 문제 등 전문적인 사항을 토의하는 경우가 많기 때문에 이를 안전위원회만으로 모두 망라하기는 힘들다. 이러한 다양한 종류의 문제를 해결하는 방법이 위원회의 하부 조직을 만드는 것이라고 생각한다. 〈그림 1-25〉는 안전위원회를 조직화한 하나의 예이다.

작업 현장 안전위원회는 중앙안전위원회의 내용을 빠르게 제조 라인에 철저하게 전달하고, 공장 방침을 전달받아서 통제 라인에서

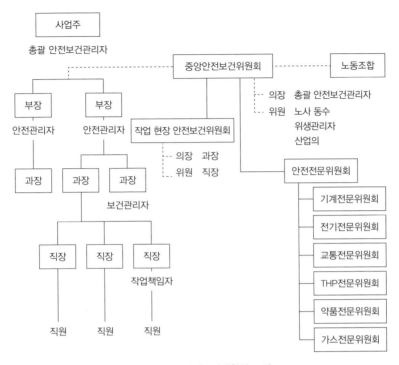

그림 1-25 안전보건위원회 조직

자주적인 활동계획의 책정, 실시, 팔로우업을 할 수 있는 안전활동 사이클의 실천 기능을 하고 있다.

한편, 전문적인 사항을 심의하기 위한 중앙안전위원회의 자문 기관으로 전문위원회를 설치하고 있다. 전문위원회는 사업장의 업종 내용에 따라 다양한 전문위원회가 있다. 보건관리를 충실히 하기 위한 'THP(Total Health-Promotion Plan)전문위원회나 멘탈헬스전문위원회', 교통사고 대책을 위한 '교통전문위원회'와 같은 기관들을 설치하는 것이 바람직하다고 생각한다. 또한 특별 사항으로는 일정

기일을 정하여 집중적으로 토의하는 '리스크 어세스먼트 프로젝트 팀'을 구성하여 중앙안전위원회에 답신하는 경우도 있을 수 있다.

전문위원회의 활동

전문위원회가 활발하게 활동하는지의 여부가 사업장의 안전활동을 좌우한다. 전문위원회의 활동 범위는 법적인 문제 해결, 공장 독자의 문제 해결, 통제 라인의 문제 해결 등, 현장안전관리자의 스텝 기능 외에도 통제 라인으로의 지도 원조 등 여러 갈래에 걸쳐 복잡하게 되어 있다.

현장안전관리자는 각 전문위원회를 연계 혹은 횡전개하여 조정해야 한다. 그렇게 되면 어떠한 내용일지라도 상부 기관인 중앙안전위원회의 승인이 필요하다. 이는 전문위원회가 자칫 독자적으로 행동하여 좋은 시책이 효과를 발휘하지 못할 수 있음을 방지하기 위함이다. 따라서 현장안전관리자는 공장의 연간 계획을 받아 전문위원회별로 테마와 목표를 할당하여야 한다. 무엇보다 연단위로 전문위원회의 활동계획을 정하는 동시에 정기적으로 중앙안전위원회의 활동 내용을 보고할 수 있도록 팔로우하는 것이 중요하다.

특히 사무소와 같은 간접 부문은 작업 현장 안전위원회 활동이 정체되는 경우가 많다. 최근 전국적인 통계에도 간접 부문, 즉 제3차 산업에서 재해가 의외로 많이 일어나는 것으로 나타난다. 이

점을 이해시키고 활동을 활성화시켜야 한다. 산업에서 재해가 의외로 많이 일어난다는 것을 이해시키고 활동을 활성화시켜야 한다.

안전위원회 활동의 열쇠, 커뮤니케이션

모든 활동에 공통으로 적용되는 말이지만, 안전위원회의 활동은 관련자와의 커뮤니케이션이 중요하다. 멀티미디어 시대로 불리우는 오늘날, 인터넷은 각종 정보 수집뿐만 아니라 결제 등 다양한 수단으로 크게 활용되고 있다. 인터넷은 방대한 정보와 빠른 속도라는 커다란 장점이 있지만, 커뮤니케이션의 측면에서는 다소 부족한 점이 있다. 현장안전관리자 자신의 발로 직접 현장에 나가 관련자와 부딪히고 서로의 얼굴을 보며 사소한 부분까지 소통해야 하는 중대한 임무를 맡고 있다. 이것이 진정한 커뮤니케이션의 활성화이다.

커뮤니케이션은 크게 세 가지 방식으로 나누어진다. 즉, 상향, 하향, 횡방향의 커뮤니케이션이다. 〈그림 1-26〉은 이 커뮤니케이션의 흐름을 나타낸 것이다. 현장안전관리자는 특히 횡방향 커뮤니케이션을 중요히 여겨야 한다. 중앙안전위원회에서 결정되는 사항이 어떠한 형태로 작업 현장 안전위원회에 반영되고 있는지, 실시상의 문제는 없는지, 관련 작업 현장과의 조정은 필요하지 않는지 등 여러 가지 사안들을 모두 관련자와의 커뮤니케이션으로 해결해야 하는 것이다.

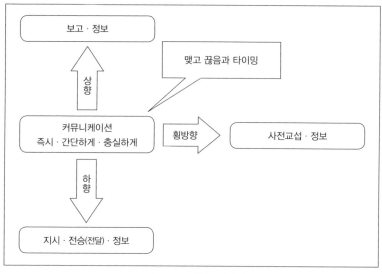

그림 1-26 커뮤니케이션

(18) 안전 통계

안전 통계의 활용

안전활동을 추진하는 데에 각종 통계가 이용된다. 재해 발생 경향을 연구하거나 활동 목표를 정하는 것에 있어서도 안전 통계는 중요한 자료가 된다. 저자는 통계적인 사고나 처리 방법 등 통계학에 관한 전문가가 아니기 때문에 상세한 것은 이와 관련된 학술 또는 도서를 통해 학습하면 좋겠다. 분명한 것은 안전 통계를 작성할 때 전제가 되는 것은 무엇보다 정확한 데이터이다. 즉, 얼마만큼 제대로 사고 조사가 이루어졌는지에 대한 부분이다.

사고 · 재해 조사

사고 · 재해가 발생하게 되면 먼저 부상당한 사람을 조치한 후, 발생 원인을 조사한다. 재해 발생 원인을 조사할 때 보통 '누가' 했는지, '어디서' 잘못되었는지를 조사하는데, 이는 잘못된 방법이다. '무슨 일'이 일어났는지, '왜' 일어났는지를 조사해야 한다.

전자는 책임 지향형 조사로 관련자를 처벌하면 일단락되지만, 후자는 원인 지향형 조사로 재발 방지, 유사 재해 방지를 위한 대책 등을 조사하는 것이다. 일본 휴먼펙터연구소 소장인 구로다 이사오 (黑田 勳) 씨는 저서에서 이를 〈그림 1-27〉을 통해 설명하고 있다. 그는 안전 통계에 필요한 올바른 조사는 '원인 지향형'이 되어야 한다고 강조한다.

일전에 어떤 기업에서 이 이야기를 했을 때, 인사 관련 담당자로부터 "경우에 따라서는 '책임 지향형' 조사도 필요하지 않나요?"라는 질문을 받았다. 이 또한 분명 필요할 수도 있다. 그러나 그러한 조사는 현장안전관리자가 할 일이 아니다. 나는 "그것은 필요하다고 느끼는 사람이 독자적으로 조사하면 족하지 않을까요?"라고 대답했다.

사고 · 재해 조사의 흐름

재해 발생 원인을 조사할 때 또 하나 중요한 것이 '재해 조사의 흐름'을 파악하는 것이다.

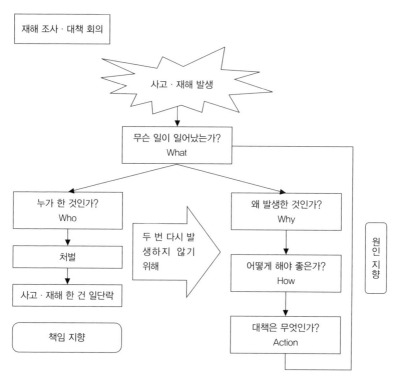

그림 1-27　사고 · 재해 발생 시 조사의 방향
중재방 신서《믿을 수 없는 실수는 왜 일어나는가》구로다 이사오 저서에서 발췌

앞서 언급한 구로다 씨의 이론을 인용해서 내 나름대로 해설해보
자면 작업을 수행하다가 발생하는 재해의 시발점(직접적인 원인)은
'불가피한 상황'이다.

원인 조사는 이 작업의 수행 과정에 따라 조사해야 한다. 그러나
종종 거꾸로 직접적인 원인부터 거슬러 올라가 조사를 하는데, 이
는 잘못된 조사이다. 통상 작업을 진행했던 당시 어디에 원인이 있
고, 어디에서 문제가 발생했으며, 어디서 조작을 잘못했는지에 대

한 간접적인 원인을 철저하게 찾아내는 것이 중요하다.

'왜(Why) 발생했는가?'의 분석이 아니라 '어디서(Where) 발생했는가?'의 관련 정보를 수집하는 것이다. '어디서 발생했는가'에 대한 정보를 모으면 '왜'의 분석은 언제라도 할 수 있다. '왜'의 조사는 개인의 책임 추궁으로 이어지기 쉽다. 부상당한 사람은 물론이고 관련 작업자도 실패를 부끄럽게 생각하여 자세한 이야기는 하지 않는 경우가 있기 때문에 진정한 원인 규명에 착오가 발생하기도 한다.

재해 조사는 통상 '사물(불안전 상태)'과 '사람(불안전 행동)'으로 나누어 조사한다. 여기서 잊으면 안되는 것이 '관리상의 결함'이다. 관리상의 결함이란 불안전한 상태 혹은 행동을 방치하거나 놓치고 있는 관리적인 문제를 말한다. 단순히 본인의 불안전한 행동을 조사하는 것이 아니라, 그 불안전한 행동의 배경을 조사하는 것이다. 즉, '왜 이러한 불안전한 행동이 있었는지, 작업 현장에 팽배한 나쁜 습관은 없었는지, 작업절차서에 문제는 없었는지' 등에 대한 관리상의 문제를 명확하게 하는 것이다.

재해 발생의 원인 분석

재해 발생의 원인은 복잡하다. 메카트로닉스화가 진전된 현재, 한 대의 기계장치라고 해도 그 기능은 복잡하다. 따라서 재해 발생의 원인도 복잡하지 않을 수 없다. 또한 한 사람의 작업자가 복수의 업무를 담당하는 다기능화도 진행되고 있다.

〈그림 1-28〉은 재해 발생의 다양한 형태를 나타낸 것이다. 집중형은 각 요인이 각각 독립해서 조합된 재해가 발생한 경우이고, 연쇄형은 어느 한 요인이 시발점이 되어 다음 요인이 발생하고 또 다른 요인으로 이어지는 유형이다. 복합형은 집중형과 연쇄형이 혼합되어 있는 경우인데, 최근에 일어나는 대부분의 재해는 이 복합형인 경우가 많다. 이와 같이 재해 발생의 유형을 염두에 두고 사실에 관해 조사해야 한다. 또한 일상 점검의 결과와 정기 자주 점검의 결과 등 관련된 과거의 기록도 조사 대상이다.

크로스체크의 실시

수집한 재해 발생의 요인들을 통계 처리해야 한다. 재해 발생의 원인 분석은 후생노동성이 분류표를 공표하고 있으며 코드번호도 정해져 있다.

이것에 따라 생각하는 것도 하나의 방법이지만, 기업(공장)이 독자적으로 분류 방법을 작성하는 것이 바람직하다고 생각한다. 최근에는 기업이 독자적인 기술로 제조설비를 시스템화하고 자동화하고 있기 때문이다. 따라서 그 시스템 자체에 문제가 있는 경우가 있으므로 다양한 측면에서 고려할 필요가 있다고 생각한다.

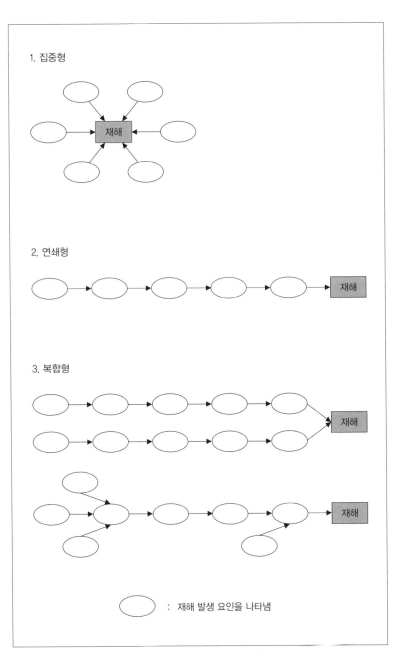

1. 집중형

2. 연쇄형

3. 복합형

⬭ : 재해 발생 요인을 나타냄

그림 1-28   재해 발생의 유형
중재방 발행 《노동재해 분류의 입문》에서 발췌

통계를 작성할 경우, 발생 시간별, 근속연수별, 연령별 등 반드시 분류별로 크로스체크를 실시해야 한다. 기업의 근속연수별 구성 인원과 근속연수별 재해 발생 상황을 크로스체크 한다고 가정해보자. 근속연수를 세로축에 놓고, 발생 원인 분류를 가로축으로 놓아 보다 다양한 각도에서 크로스체크를 함으로써 생각지도 못한 원인들을 발견할 수 있을 것이다.

안전 통계의 활용

조사된 재해 발생의 원인 관련 데이터는 재발 방지(유사 재해 방지)를 위해 활용되어야 한다. 즉, 어떠한 대책을 마련하면 좋을지, 어디를 어떻게 개선해야 할지에 대해 분석하는 데 활용해야지, 결코 책임 추궁에 이용해서는 안 된다.

만일 사고 책임의 처벌이 필요한 경우라 할지라도 그것은 현장안전관리자의 업무가 아니라 인사담당자의 업무이다.

(19) 안전활동에 묘약은 없다

간단히 규정할 수 없는 안전활동

"안전활동을 활성화할 수 있는 결정적인 방법은 무엇일까?, 직장

안전활동이 매너리즘에 빠지는 것을 막기 위해서는 어떻게 하면 좋을까?" 등의 질문을 자주 듣는다. 이때 저자는 "안전활동에 그러한 묘약은 없습니다. 있다고 한다면 오히려 제가 배우고 싶습니다."라고 답한다. 이것이 질문에 대한 해답이 되지 않는다는 것을 알고는 있지만, 이렇게 대답할 수밖에 없다. 나의 모든 경험을 토대로 말하고 싶다.

"안전활동은 그렇게 간단한 것이 아닙니다."

작업 현장의 3가지 안전활동

작업 현장에서 불행한 사고·재해를 방지하기 위해 다음 세 가지 활동이 유기적으로 전개되어 상승효과를 발휘하도록 해야 한다.

① 조직 활동: 작업 현장 내 과제나 문제점을 스스로 찾고 이를 확실하게 개선하려는 내부 조직의 확고한 주체성

② 관리자 활동: 위험 가능성을 철저하게 줄이고 배제하려고 하는 관리자의 자세

③ 의식 고양 활동: 자신의 신체는 스스로가 지킨다고 하는 직원의 자조 노력

이러한 활동은 사실 안전활동에만 국한된 것이 아니라, 기업 활동 그 자체라고 할 수 있다. 현장안전관리자는 관련 부문의 조정을 통해서 이 활동의 주도자가 되어야 한다. 모든 일에는 무엇보다 '동기부여'가 중요하다.

안전활동 아이템

저자가 나름대로 이 세 가지 활동을 작업 현장 안전활동의 측면에서 착안점을 생각하여 실시사항을 정리했다(표 1-5). 물론 이것이 전부는 아닐 것이다. 이러한 활동들을 전부 실시했다 하더라도 재해가 절대 발생하지 않는다고 장담할 수도 없다. 결국 작업 현장 안전활동에는 묘약이란 없는 것이다.

1. 조직 활동

항목	구체적 사항
안전보건위원회 활동	• 작업 현장 안전보건위원회의 체제를 확립하는 동시에 각종 역할 분담을 명확하게 한다 • 매월 작업 현장 안전보건위원회를 정기적으로 개최하고, 각각의 월마다 강조 항목 및 작업 현장의 자주 활동의 입안을 추진하기 위해 노력한다
기계 · 설비의 점검 체제 확립과 완전한 실시	• 현재 보유하고 있는 기계 · 설비, 치공구류에 대해서 규정된 점검을 실시하기 위한 체제, 담당자를 명확히 하고 안전점검 기준에 따라 각종 점검을 확실하게 실시한다
점검 결과 부적합한 부분의 시정과 개선 계획의 책정	• 각종 점검 결과로 나온 부적합한 부분을 확실히 시정한다 • 자금을 필요로 하는 경우 개선 계획을 수립하는 동시에 개선 경과도 팔로우업 한다

작업절차서의 정비와 정기적인 점검	• 담당 업무 전반에 관하여 적절한 작업절차서를 작성한다 • 작업절차서에는 안전보건에 관한 필요 사항을 반드시 기입하는 동시에 내용을 정기적으로 점검하여 항상 유효한 상태를 유지한다
작업 현장의 정리사항 미화 활동	• 담당 작업 현장은 항상 정리 · 정돈을 하는 동시에 청결을 유지하기 위해 노력하여 작업 현장의 미화를 유지한다
출퇴근 도중 교통재해 방지활동	• 교통법규를 철저히 준수하며 보행을 하거나 교통수단을 이용할 경우 매너를 지키고 바르게 통행하여 교통 재해 발생을 미연에 방지한다 • 출퇴근 도중의 재해 방지를 위해 항상 통근 경로를 확실하게 정해둔다
긴급 시 연락 체제의 정비	• 이상 사태의 발생을 대비하여 연락 체제를 항상 정비하는 동시에 기계의 긴급 정지 방법이나 관련 기관과의 연락 방법을 관계자에게 철저하게 교육한다. 또한 정기적으로 훈련을 실시하여 이상 사태 발생 시 올바르게 필요한 조치를 할 수 있도록 한다
기타	

2. 관리자 활동

항목	구체적 사항
방침 준수 철저	• 직책상 주어진 범위의 안전보건활동에 관한 방침을 책정한다 • 항상 안전, 품질, 능률(효율), 생산성 향상에 유의하고 개선을 도모한다
자격자의 체계적인 육성과 적정한 배치	• 담당 작업 현장의 취업 제한을 극복할 수 있는 면허, 기능 강습, 특별 교육 등을 통해 안전보건상에 필요한 자격자를 계획적으로 양성한다 • 작업 책임자와 법령에 따른 자격자를 적정하게 배치하는 동시에 그 임무를 파악하고 임무 수행을 관리하여 부하의 자기 계발에 필요한 협력을 한다
직원의 교육계몽활동 (OJT, OFFJT)	• 교육계몽활동을 통해 소속 직원들의 안전보건 의식을 고양시키고 신설 기계, 작업 내용 변경 등에 대한 교육을 실시한다
안전보건 재규정의 주지 철저	• 법령의 각종 규정이나 안전보건기준의 관련 재규정에 대해 숙지하고 관계자에게 철저히 주지시키는 동시에 그 실시에 대해서 팔로우업 하고 필요한 지시를 한다

재해요인의 배제 및 저감	• 정해진 방법에 따라 정기적으로 리스크 어세스먼트를 실시하여 위험 요인을 제거하거나 저감을 도모한다 • 기계·설비에 따른 '틈새 끼임·말림 사고', '끊어짐·마찰 사고', '전도 사고' 등 작업 현장 내에 잠재하는 재해요인을 발견하도록 노력하여, 개선에 필요한 것을 관련자에게 지시하고 결과를 팔로우한다
소집단 활동의 지원	• 부하가 실시하는 '재해제로 그룹활동' 등의 소집단 활동에 있어서 필요한 문제 제기나 활동 전개에 대해 조언을 하고, 작업 현장의 자주 활동을 지원한다
작업 현장의 인간관계의 유지 향상	• 작업 현장의 인간관계를 유지하고 향상하는데 노력하여 항상 부하의 건강 상태를 파악하고, 한 사람 한 사람의 개성을 찾아낸다. 또한 부하의 심리 상태에 유의하면서 개개인이 갖고 있는 고민을 이해하고, 자유롭고 활발하며 솔직하게 대화할 수 있는 작업 현장을 만드는데 노력한다
연간 활동계획의 책정과 팔로우	• 작업 현장에서 실시하는 안전보건활동에 대한 실시 상황을 반드시 팔로우하고 경우에 따라서 활동 내용을 수정하거나, 방침 혹은 시책을 변경한다 • 실시가 곤란한 문제점은 관련처와 조정한다
기타	

3. 안전의식고양 활동

항목	구체적 사항
표준 작업의 완전한 실시	• 담당 작업별로 정해 놓은 작업 표준을 지키고, 항상 안전, 품질, 능률 등의 향상에 적합한 작업을 수행한다
보호구의 완전한 착용	• 담당 작업별로 정해 놓은 보호구를 확실하게 착용하여 안전 위생에 적합한 작업을 수행한다
작업 현장의 정리·정돈과 미화 유지	• 작업 현장은 항상 정리·정돈을 하여 쾌적한 작업환경을 유지한다
재해제로 그룹활동	• 적절한 '재해제로 그룹활동'을 전개하고, 작업 표준의 실시와 불안전 행동 재해를 방지하기 위한 활동을 전개한다
KYT(위험예지훈련)의 실시	• 작업 전, 작업 중, 작업 종료 시, 언제 어디서나 KYT를 실시하고, 작업 중에 잠재된 재해요인을 먼저 발견하는 활동을 전개하여 안전의식을 고양하기 위해 노력한다

지적 확인의 실시	• KYT에 따라 요소요소마다 '손가락으로 가리키면서 복창 및 확인'을 실시하여 안전 작업을 철저히 실시한다
Touch & Call(멤버 전원이 손을 뻗어 포개고 구호를 외침)	• 조례, 주례, 종례 등 'Touch & Call'을 실시하여 그룹 전원의 안전보건 의식을 고취시킨다
기타	

표 1-5 작업 현장 안전활동의 아이템

쾌적한 작업 현장 환경의 형성

진정으로 안전한 작업 현장이란 단순히 재해가 없는 작업 현장을 뜻하지는 않는다. 직원이 갖고 있는 능력을 충분히 발휘하여 밝고, 엄격하고, 씩씩하게 작업에 종사하는 작업 현장 만들기는 앞서 설명했던 세 가지 활동만으로는 부족하다. 즉, 쾌적한 작업 현장 환경을 조성하고 종합적인 건강을 향상하는 것이 포함되어야 한다. 이러한 활동이 모두 기능할 때 비로소 '재해제로 작업 현장'이 완성된다. 하루아침에, 하루저녁에 가능하지 않은 만큼 '그 활동을 주도하는 사람들'이 중요한 역할을 하는 것이다.

화간반개(花看半開)

중국 명나라 시대 말기에 유교, 불교, 도교를 두루 섭렵한 홍자성(洪自誠)이 스스로의 체험을 토대로 세속을 떠나 한거(閑居)하는 즐거움을 논하던 중에 한 말이 있다.

화간반개(花看半開) 주음미취(酒飮微醉) 차중대유가취(此中大有佳趣)
- 채근담(菜根譚)

즉, '꽃은 반만 피었을 때 보고, 술은 조금만 취하도록 마시면 그 가운데 무한히 아름다운 멋이 있다'는 것이다.

저자도 상당한 주당으로 때에 따라서는 만취상태가 되는 경우가 있다. 반만 핀 꽃을 바라보며 적당히 취기가 오를 때 끝낼 수 있는 풍류의 경지에 이르고 싶다.

다만, 안전활동만은 반개나 미취 등의 풍류와 같은 말은 있을 수 없다. 항상 만개의 활짝 핀 꽃을 추구해야 하며 '재해제로'를 달성한다면 그 성공에 취하게 될 것이다.

(20) 비정상 작업의 안전 확보

많은 비정상 작업에서의 재해

 기계·설비의 점검, 수리, 예상 못한 트러블의 수정 등 비정상 작업에서 많은 재해가 발생하고 있다.

 한편, 재해를 조사하는 과정에서 '비정상 작업'이라는 이유로 원인 규명을 철저히 하지 않는 경우가 많다. 정말 비정상 작업에서 안전을 확보하는 것은 어려운 것일까? 여기서는 비정상 작업에서 안전을 확보하는 것에 대해 생각해보고자 한다.

비정상 작업의 표준화

 통상적인 작업은 작업 방법, 순서, 취약점 등을 정리하여 표준화할 수 있지만, 비정상 작업은 좀처럼 표준화하기가 쉽지 않다. 그러나 비정상 작업이라고 해도 그 작업을 분석하여 요소 작업별 기본 동작으로 구분하면 대부분 공통된 작업의 조합으로 이루어져 있다는 사실을 알 수 있다. 따라서 요소 작업별로 표준화하여 정비한다면 비정상 작업의 표준화도 불가능한 것만은 아니다. 더욱이 요소 작업별 안전 포인트를 정리하면 비정상 작업에서의 안전 포인트도 명확해진다. 이것을 바탕으로 하여 비정상 작업을 최대한 표준화하는 것이다.

안전의 3대 교훈

작업 현장에는 다양한 작업들이 존재한다. 이전에 저자가 재직했던 회사 공장의 재해 사례를 토대로 작업별 '안전 포인트'를 〈표 1-6〉에 정리했다. 당시 공장에서는 이를 '안전의 3대 교훈'이라고 칭하고, 해당 작업을 수행할 때 '반드시 지켜야 할 것'으로 활동했었다. 이 세 항목을 다양한 크기의 스티커로 제작하여 작업 현장 이곳저곳에 게시했던 것이다.

조례 등 미팅이 있을 때마다 전원이 창화(한 사람이 선창하고 여러 사람이 그에 따름)하고 이를 습관화하여, 작업별로 활용할 수 있

전기	손대지 마라 접지(어스)해라 2인 이상 작업해라	특화물	초보자는 접근을 금지시켜라 엄중하게 관리해라 보호구를 착용해라
기계	정비에 만전을 기하라 확실하게 조작해라 말려듦을 주의해라	고압력	안전장치는 정상인가? 조업 시 확인해라 2인 이상 작업해라
운반작업	신호를 엄수해라 중량 전도 조치는 OK인가? 안전 운전을 해라	봄베(Bombe) 취급	전도를 방지해라 압력의 오인은 없는가? 송풍구를 확인해라
고소작업	안전 벨트를 해라 발판 및 난간을 주의해라 미끄럼을 주의해라	용접	보호구를 착용해라 젖은 물건을 주의해라 2인 이상 작업해라
산소결핍	먼저 환기를 시켜라 산소 농도를 측정해라 2차 재해를 주의해라	공작작업	절차는 맞는가? 떨어뜨리거나 넘어뜨리지 마라 말려듦을 주의해라
위험물	특정 자격자만 취급해라 흘리지 마라 화기를 주의해라		

표 1-6 안전의 3 대 교훈

도록 매일 매일 훈련하였다. 이는 비정상 작업에서도 요소작업별로 반드시 해당될 것이기 때문이다.

자문자답 카드 1인 KYT

KYT의 수법들 중에 '자문자답 카드 1인 KYT'라는 것이 있다.

이는 〈표 1-7〉에 나와있는 자문자답 카드의 항목들을 '○○은 문제 없는가?'라고 순서대로 소리 내어 읽으면서 항목별로 위험 요인을 파악하며 혼자 KYT를 실시하는 수법이다.

비정상 작업에서의 재해는 그 작업을 하면서 중요한 위험 요인을 놓치기 때문에 발생하는 경우가 많다. 작업을 하기 전에 정해진 항목에 따라 그 작업에 잠재하고 있는 '위험 요인'을 확실하게 파악하고 사전에 대책을 강구하는 것이 중요하다.

지적 확인(指差呼稱)

안전하고 바르게 작업을 추진하기 위해서 요소요소를 확인하는

자문자답 카드	
1. 좁아지지 않는가?	5. 화상을 입지는 않는가?
2. 잘리거나 마찰은 없는가?	6. 허리가 아프지는 않는가?
3. 말려들지는 않는가?	7. 감전을 당하지는 않는가?
4. 떨어지거나 넘어지지는 않는가?	8. 그 외에는 문제가 없는가?

표 1-7 자문자답 카드
자문자답 카드 1인 KYT

것이 필수적이다. 이러한 확인 방법 중에서 '지적 확인'보다 확실한 것은 없다.

오른손 검지로 확인해야 할 대상을 명확히 가리키고, 확인해야 할 곳을 똑바로 쳐다본 뒤 "○○○ 좋아!"라고 명확하게 소리를 내는 것이다.

앞서 설명했던 '안전의 3대 교훈', '자문자답 카드' 등을 확인하는 방법으로 '지적 확인'을 꼭 권장하고 싶다. 이러한 방법을 통해 작업 현장에서 벌어지는 비정상 작업에서의 재해를 없애려는 것이다.

(21) 작업 현장 안전활동의 수치 평가

안전활동의 수치 평가

작업 현장의 안전활동은 수치로 평가할 필요가 있다. 그러나 다양한 활동 내용을 어떻게 평가할지, 평가 척도는 어떻게 정할지에 대한 부분은 상당히 어려운 문제다. 단순히 재해 발생 건수만으로 평가할 수는 없다.

여러 기업에서 평가 방법이 개발되어 다양한 채널을 통해 소개되고 있지만, 저자가 어느 공장에 재직할 때 실시한 평가 방법을 소개하면서 평가에 대한 생각을 설명해보려고 한다.

평가의 종류

작업 현장의 안전활동을 평가하는 것은 두 가지의 경우가 있다. 표창 등의 목적으로 제삼자의 입장에서 평가하는 경우와 작업 현장 활동을 활성화하기 위해 자주적으로 활동을 평가하는 경우다. 여기서는 자주적인 활동 평가 방법에 대해 생각해볼 것이다.

종합적 평가

먼저 평가 항목으로 〈표 1-5(122페이지 참조)〉에서 설명한 '조직 활동', '관리자 활동', '의식 고양 활동'을 종합적으로 평가한다. 더욱이 자주적으로 추진하는 작업 현장에서는 독자적인 평가 항목을 추가해야 한다. 안전위원회를 중심으로 충분히 검토를 한 뒤 내용과 목표를 설정한다.

활동계획과 목표는 앞서 '관리 방침과 연간 활동계획'에서 설명했던 목표에 대한 사고를 바탕으로 작성된 것을 말한다. 즉, 'OSHMS'라고 하는 작업 현장별 구체적인 계획과 목표이다. 공장 전체의 활동으로 연간 계획에 따라 실시하는 활동 항목은 '필수 항목', 작업 현장 독자적인 활동 항목을 '자주 항목'이라고 한다. 이것들을 한 눈에 알기 쉬운 형태의 자주 활동계획표로 작성한다.

누가 평가할 것인가

자주 활동 평가표는 어디까지나 작업 현장마다 독자적으로 작성한다. 따라서 공정한 판단에 의거하여 실시되어야 하며, 작업 현장 안전위원회가 중심이 되어 충분히 토의한 결과를 관리자가 확인해야 한다.

이것을 보다 명확하게 실시하기 위해 저자는 '재해제로 그룹별' 활동 평가표와 작업 현장별 평가표를 작성하였다. 그리고 작업 현장 안전위원회에 '재해제로 그룹별' 평가표를 가지고 가서 작업 현장 전체의 활동을 평가한 것을 토대로 토의했다.

내용에 따라 관리자 스스로 평가하게 되는 경우가 있지만, 어떠한 결과라도 솔직하게 받아들이는 관리자가 되어야 한다. 만약 작업 현장 안전위원회의 토의 내용을 부정하는 관리자가 있다면, 이는 오히려 평가 제도 그 자체에만 의미를 두는 가치 없는 작업 현장이 될 것이다.

평가의 척도

평가는 다섯 단계로 하고, 매월 개최되는 작업 현장 위원회를 통해 실시하는 것으로 한다. 이 결과를 활동평가표(A3판 레이더차트)에 기입한다. 평가는 어디까지나 작업 현장에서의 활동을 더욱 발전시키기 위하여 수행하는 것이다. 따라서 어떠한 수치가 나오더라도 이는 평가한 작업 현장에 한정하고, 다른 작업 현장과의 비교 대상으로 사용하지 말아야 한다. 즉, 현장안전관리자는 해당 작업 현장의 자주성을 존중해야 한다.

PDCA 사이클

작업 현장의 활동 평가는 자주적인 활동을 계획하고, 그 계획에 따라 전원이 활동을 전개하여, 일정 기간별로 평가하는 것이다. 이러한 평가 결과에 따라 개선하는 'PDCA 사이클'을 올바르게 순환시키는 것에 의의가 있다.

활동 평가는 다른 작업 현장과의 비교나 재해 발생 시의 징계와 같은 수단으로 이용해서는 안 된다. 만약 표창과 같은 심사 항목으로 이용하더라도, 수치보다는 활동 내용을 토대로 작업 현장의 자주 활동이 얼마나 활성화되고 있는지에 대한 평가 자료로 이용해야 한다.

탑다운 안전 관리가 아니라 바텀업의 작업 현장 활동을 보다 중시해야 한다. 그러한 '작업 현장 활동 평가 제도'가 되기를 바란다.

평가 결과의 활용

평가는 다음 활동의 초점을 어디에 맞출 것인가, 그러기 위해서 무엇을 해야 하는가 등의 진취적인 토의를 하기 위해 실시되는 것이다. 단순히 결과를 놓고 이러쿵저러쿵 논의하는 것이 아니라 반성해야 할 것은 전원이 반성하고, 전원이 납득한 뒤 다음 행동을 개시해야 한다. 'OSHMS'는 안전보건 수준을 향상시킨다고 할 수 있다.

(22) 안전표식

작업 현장의 표식 · 표시

작업 현장의 안전을 확보하기 위해 많은 표식 · 표시가 사용된다. 안전표식은 JIS에서 정하고 있다. 또한 '중앙노동재해방지협회'에서도 '노동안전표식에 관한 조사연구위원회'의 보고에 따라 46가지 표식을 제정했고, 이미 상품화하여 전국의 서비스센터에서 시판되고 있다.

하지만 작업 현장 가운데 수많은 직종이나 작업 내용들이 있기 때문에 이 모두를 일정 표식만으로 감당하기에는 한계가 있다. 따라서 기업이나 작업 현장의 독자적인 표식 · 표시를 작성할 수밖에 없다. 이때 주의해야 할 사항에 대해서 생각해보고자 한다.

안전표식 · 표시란

안전표식이란 도대체 무엇인가? '중앙노동재해방지협회'의 자료에서 안전표식에 대해 매우 간단명료하게 해설하고 있다(표 1-8).

안전 표식

작업 현장에서 작업자가 잘못된 판단이나 행동이 발생하기 쉬운 장소나 중대한 재해를 일으킬 우려가 있는 장소에 안전 확보를 위해 표시하는 표식을 말한다.
이러한 표식은 그 사용 목적에 따라 아홉 종류로 나누어져 있다.

① 방화 표식(화재 발생의 우려가 있는 장소, 인화 또는 발화 우려가 있는 것의 소재 위치, 방화나 소화의 설비를 나타낸다), ② 금지 표식(위험한 행동을 금지할 것을 나타낸다), ③ 위험 표식(직접적으로 위험한 물건 및 장소, 혹은 상태에 대한 경고를 나타낸다), ④ 주의 표식(불안전한 행동이나 부주의로 인해 위험해질 수 있는 장소임을 나타낸다), ⑤ 구호 표식, ⑥ 지시 표식, ⑦ 유도 표식, ⑧ 지도 표식, ⑨ 방사능 표식

표 1-8 안전 표식

즉, 작업자가 일상적으로 작업을 수행하는 중에 일으키는 착각 혹은 판단 오류로 인해 중대한 사고·재해를 일으킬 우려가 있는 장소에, '안전 포인트'를 표시하여 주위를 환기시키는 것이다.

하지만 실제 현장에서 이 기본적인 사항이 의외로 지켜지지 않고 있다. 그중에는 오염투성이인 자재나 설비도 있고, 독자적인 작업자의 판단으로 안전 표식이 작성되었기 때문에 무엇을 의미하는 것인지 불명확한 것들이 여기저기에 게시되어 있다.

표식·표시의 통일화

글로벌 시대에 맞게 최근 작업 현장에는 해외에서 수입된 기계장치들이 다수 설치되어 있다. 기능면에서 거의 차이가 없는 자동화

기기들도 함께 설치되어 있다. 그런데 여기서 짚고 넘어가야 할 문제가 있다. 작업 현장에 자동화기기 두 대가 나란히 설치되어 있다고 가정해보자. 이 두 대의 자동화기기는 한 대는 일제품이고, 또 다른 한 대는 수입품이다. 조작판을 보면 한 쪽은 일본어로 되어 있고, 한 쪽은 영어로 되어 있다. 이처럼 조작판의 표시조차 통일되어 있지 않은 경우가 자주 있다.

인간은 언제든지 착각이나 오판을 할 수 있다. 눈 깜짝할 사이에 잘못된 판단을 내리기 쉬운 것이다. 최근 기업에서 인원 배치의 성인화, 효율화 등을 꾀하면서 작업 현장의 배치 전환이나 작업 내용 변경이 일상적으로 실시되고 있다. 그런데 만약 중요한 안전표식·표시가 작업 현장별로 다르다면 자연스럽게 착각이나 오판이 생길 수밖에 없는 것이다.

최근 최첨단 기술, 특히 반도체 제조 공장은 클린룸 여기저기에 직경이 수 밀리미터인 배관들이 가득 설치되어 있다. 그중에는 공기와 같이 안전한 것도 있지만, 알 수 없는 가스 등의 유해 물질도 포함되어 있다. 이러한 표시는 영어, 일본어 등 다양하게 되어 있다.

안전에 관해서는 반드시 기업 단위 혹은 사업장 단위로 '안전표식·표시 기준'을 제정하여 표준화 및 통일이 되어야 한다. 최근 지하철에 승차하면 '문에 손이 끼이지 않도록 주의하세요'라는 표시가 일본어, 영어, 중국어, 한국어 등으로 함께 표기되어 있다. 해외로부터 많은 노동 인구가 유입되고 있는 시대 속에서 작업 현장 내 안전 표시 방법에 대해 한번쯤 생각해볼 필요가 있다.

안전 표식류의 메인터넌스

안전 표식은 깨끗이 보존되고 있는 표식류여야 한다. 이를 위해 일상적으로 메인터넌스(maintenance)를 게을리해서는 안 된다. 최근에는 다양한 재료들이 개발되어 아주 훌륭한 표식류가 많이 나오고 있다. 그러나 표식은 일단 붙여 놓으면 좀처럼 뜯는 일이 없기 때문에 결국 전혀 의미가 없는 장소에 게시된 채 방치되고 마는 경우가 많다.

예전에 저자는 표식류를 굳이 '종이'로 작성했었다. 종이는 더러워지기 쉽고, 찢어질 수도 있다. 이 때문에 파손되면 바로 새로운 것으로 철저하게 교체하는 운동을 실시했었다. 이것이 오히려 작업 현장 전원이 표식에 대해 관심을 갖게 되는 계기가 되었고, 언제 어디서든 바르게 표시하는 것으로 정착될 수 있었다. 지금은 경기가 좋지 않기 때문에 이런 귀찮은 일이 불가능할지도 모르겠지만, 표식류의 재질에 대해서도 검토해보는 것이 필요하다.

표식 · 표시 내용을 철저하게 주지

작업자는 표식 · 표시를 보는 순간 그 내용을 이해하고 판단하여 행동할 수 있어야 한다. 이유를 장황하게 나열한 표식 · 표시는 순간적으로 이해하기 어렵기 때문에 통용되지 않는다. 작업표준서와 '안전표식 · 표시'는 별도이다. 작업자의 시각으로 어떤 의미를 재빠르게 판단하여 그 순간에 행동을 가능하게 하는 것이 '안전표식 · 표시'의 필수 조건이다.

최근에는 연령, 경험, 언어와 관계없이 인지 가능한 '그림문자화'의 표식류가 많이 나오고 있다. 이는 시대의 적절한 흐름이라 생각한다. 또한, 색으로 구분하는 것에 대해서도 ISO나 JIS 등에서 〈표 1-9〉와 같이 정하고 있다. 색, 크기, 형태 등을 고려하여 사업장의 내용에 맞는 방법을 고민하고, 이를 작업자에게 철저하게 주지시켜야 한다. 안전표식은 해당 관련자만이 이해하고 있는 것만으로는 충분하지 않으며, 특히 '금지사항'은 누가 봐도 내용이 이해될 수 있어야 한다.

안전표식 · 표시는 일제히 점검

안전표식 · 표시는 '보기 쉽고, 알기 쉽게'가 키포인트이다. 〈표 1-10〉의 유의사항을 참고로 일제히 점검을 실시하여 전면적으로 재검토를 한 뒤 개선할 것을 권장한다.

안전색	의미 또는 목적	대비색
적색(Red)	정지, 금지	흰색
	방화, 소화 설비 및 그 비치 장소	
청색(Blue)	의무적인 색	흰색
황색(Yellow)	주의, 위험	검정색
녹색(Green)	안전한 색	흰색

JIS/안전색의 일반적인 의미 및 대비색

안전색	의미 또는 목적	대비색
적색	방화 정지, 금지 고도의 위험	흰색, 검정색
황적색	위험 항해, 항공 보안 시설	검정색
황색	주의	검정색
녹색	안전 피난 위생, 구호, 보호 진행	흰색, 검정색
청색	의무적인 행동 지시	흰색, 검정색
적자색	방사능	검정색

*청색은 원형으로 사용되는 경우에만 안전색으로 한다
*흰색의 대비색은 검정색, 검정의 대비색은 흰색으로 한다

표 1-9 안전색의 일반적인 의미
중앙노동재해방지협회 발행 〈신 · 산업 안전 핸드북〉에서 발췌

붙이는 위치	• 작업자가 보기 쉬운 눈높이 혹은 위치에 게시되어 있는가 • 시야를 방해하는 것은 없는가 • 어떤 방향에서도 보이는 위치에 게시되어 있는가 • 게시 장소의 밝기는 충분한가
내용	• 얼핏 봐도 바로 판단 가능한 내용인가 • 어떠한 작업 현장에서도 공통으로 적용할 수 있는 내용인가 • '위험의 포인트'가 일목요연하게 되어 있는가
작성 방법	• 충분한 크기인가 • 문자의 크기는 충분한가 • 색깔별로 표시되어 있는가
관리	• 내용은 관련자에게 철저하게 주지되어 있는가 • 필요한 장소에 필요한 표시가 되어 있는가 • 현 시점에서 필요 없는 표시는 없는가 • 동일 장소에 복수의 표시가 있어 혼란을 초래하지는 않는가 • 표식류에 오염은 없는가 • 내용은 충분히 읽을 수 있는 상태인가 • 훼손된 채로 방치되어 있지는 않는가
기타	

표 1-10 안전표식 · 표시 체크 항목

(23) 자동화기기의 안전 확보

자동화기기의 안전 확보

현재 메카트로닉스화가 진행되면서 생산 현장에서는 많은 자동화기기가 사용되고 있다. 어쩌면 대부분의 기기가 자동화기기라고 해도 과언이 아니다. 자동화기기는 작업의 성력화, 숙련된 노동자의 부족에 대한 대응, 생산성의 향상, 품질의 확보, 위험한 업무의 배제와 더불어 특히 작업의 고도화와 정밀화를 이룩하게 했다. 향후에도 이는 더욱 더 진전될 것이라 생각된다.

하이테크화가 진행되면서 작업에서도 고도의 기술 개발이 더욱 가속화되고 있다. 특히 기업의 독자적인 기술로 개발한 자동화기기 (전용기)가 증가될 것으로 예상된다.

그런데 이러한 자동화기기와 관련된 재해가 자주 발생하는 경향이 있다. 이는 최첨단 기술에는 기존에 예상하지 못했던 사고 · 재해의 위험성이 잠재되어 있음을 뜻한다. 따라서 각종 자동화기기의 안전 확보를 위해서는 기존의 사고 사례로는 충분하지 않으며, 광범위한 영역을 포함하여 대응하려는 것이 필요하다.

안전 관리의 특정화

노동안전보건규칙을 보면 자동화기기와 관련된 '산업용 로봇'에 대한 규정이 있기는 하지만, 현재 작업 현장 상황으로 보아 단순한 법정 대응만으로는 불충분하다. 즉, 해당 자동화기기(전용기)만의 독특한 관리가 필요하게 된 것이다. 또한 자동화기기는 기존의 공작 기계 등과 마찬가지로 하나하나를 가동하는 경우는 드물고, 생산 라인 자체가 시스템화(일체화)되어 있다. 이 때문에 장치 한 대에 트러블이 생겨도 생산 라인 전체를 정지시켜야 하는 경우가 많기 때문에 생산 라인 전체 시스템의 안전 관리가 필요하다.

더욱이 자동화기기는 특정 사용자의 요구에 따라 목적별로 제작되기 때문에 장치메이커와의 연계가 중요하다. 사용자 측과 '제품'

에 관한 기술상의 연계는 상세한 부분까지도 협의하지만, 안전 관리상의 연계는 부족한 부분이 많은 것이 현실이다.

앞에서 〈기계의 포괄적인 안전기준에 관한 지침〉이 나왔다.[9] 이 지침은 ISO 12100을 받아 기계류의 제조자 측과 사용자 측이 각각 리스크 어세스먼트를 실시하여 제조자 측에는 본질적인 안전 설계를 요구하고, 사용자 측에는 잔류 리스크에 대한 안전 방책의 실시를 요구하는 내용의 지침이다. 이는 노동안전보건규칙의 안전기준(최소한의 안전 확보)에 관한 기존의 사고를 크게 전환시킨 지침이다. 아직 일반적으로 알려지지 않은 면이 많아 한시라도 빨리 정착이 되었으면 한다(그림 1-29, 1-30).

하드웨어적인 측면의 안전 확보

각종 자동화기기의 기술상의 문제를 해결할 때 특히 시스템이나 소프트웨어 분야에서 조정을 하는 것에 시간을 많이 할애하게 된다. 어떠한 자동화기기라고 하여도 구동부의 대부분은 서보모터(Servomotor, 자체적으로 속도 조절을 하여 속도를 정밀하게 통제할 수 있는 모터 시스템), 유압, 에어실린더 등으로 구성되어 있다.

이것들을 설계 또는 제작하는 사람에게는 안타까운 말이지만, 최

---

9 2001년 6월 1일, 기발(基発,. 후생노동성 노동기준국 국장 통달) 제 501호

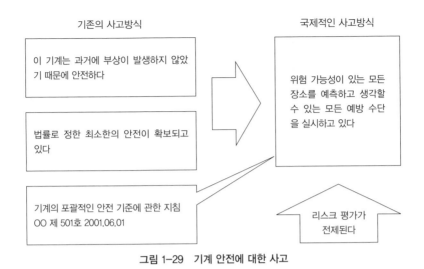

그림 1-29　기계 안전에 대한 사고

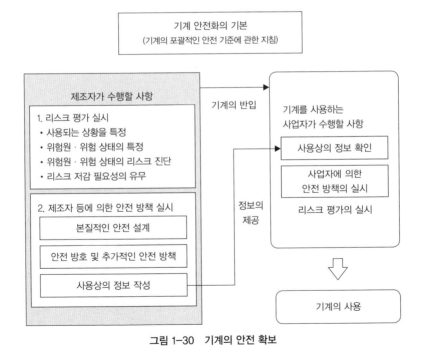

그림 1-30　기계의 안전 확보

근에는 메이커 측이나 사용자 측 모두 '메커니즘'에 약한 경우가 많다. 이 때문에 문제점을 발견해도 메커니즘(기계적)으로 해결하려고 하기보다는 소프트웨어적으로 우선 해결해보려는 위험성이 존재한다. 그러나 '끼임'이나 '말려듬'과 같은 재해는 말 그대로 재래형 재해이다. 어떠한 최신 기계 장치라 하더라도 '메커니즘(하드웨어적인)' 대책을 우선 충분히 고려해야 한다.

소프트웨어적인 측면의 안전 확보

〈표 1-11〉은 자동화기기와 관련된 안전상의 문제점 중에서 특히 소프트웨어적인 측면의 문제점을 통계적으로 정리한 것이다. 자동화기기는 작업자의 평소 작업을 단순화시켜주기 때문에 얼핏 보면 재해 방지에 도움을 주는 것처럼 보인다. 하지만 일단 트러블이 생기게 되면, 이를 대응하는 과정에서 또 많은 재해가 발생하게 된다. 즉, 비정상 작업에 의한 재해의 발생이 증가하게 되는 것이다.

자동화기기(전용기)의 안전 확보

자동화기기의 안전 확보를 위해 하드웨어와 소프트웨어적인 측면의 안전을 종합적으로 연동하여 확인할 필요가 있다. 결국 이것은 해당 설비의 사용자 측과 메이커 측이 얼마나 매칭을 잘 진행하느냐가 성공의 열쇠가 될 것이다.

1. 매뉴얼의 문제
• 정상 작업의 경우에도 매뉴얼의 정비조차 되지 않은 경우가 많다
• 기계의 고장, 트러블 처치 등 비정상 작업의 안전 매뉴얼이 정비되어 있지 않다

2. 교육 문제
• 자동화기기의 시스템을 충분히 이해하고 있지 못하다
• 안전 매뉴얼을 기반으로 한 관련자의 교육이 부족하다
• 메이커 측과 사용자 측의 연계가 부족하다

3. 작업자 문제
• 공동 작업에서 신호를 철저히 지키지 않는다
• 작업복이나 보호구의 착용을 철저히 하지 않는다
• 무심코 실수하는 등 작업 방법이나 절차가 잘 지켜지지 않는다

4. 제도 문제
• 관련자의 지식 부족과 더불어 대부분의 수리가 외주화되고 있다

5. 작업 현장 풍토 문제
• 안전 매뉴얼을 준수하지 않는 풍토가 있다
• 생산 라인 정지를 망설이는 풍토가 있다

6. 기타

표 1-11   자동화기기의 안전상의 문제점
(소프트웨어적인 측면을 중심으로)

자동화기기의 안전을 확보할 때 유의할 점들을 다음과 같이 정리하였다.

① 하드웨어적인 측면의 대책

가. 자동화기기 본래의 신뢰성

 - 일시정지(일시적인 트러블로 인해 설비가 정지하거나 공회전하는 상태) 대책

- TPM(Total Productive Maintenance, 전원이 참가하여 생산을

　보전하는 것) 활성화

나. 도입 시점에 리스크 어세스먼트의 실시

다. 안전장치로써 인터록(Interlock) 기능의 연구

라. 비상 정지 기구의 확립

　- 전체 공정의 정지인지, 해당 공정(사이클)의 정지인지

마. 가능 범위와 위험 범위의 명확화

바. 제어 시스템과 구동 시스템의 연동

사. 정지 중의 확인

　- 조건 대기인지, 트러블 정지인지

② 소프트웨어적인 측면의 대책

가. 안전지시서, 작업절차서, 매뉴얼의 정비

나. 관련 작업자의 교육에 철저

　- 트러블 발생 시 처치 방법의 철저

다. 기계 · 설비 관리자(담당자)의 성장

　- 설비업체와 제조업체의 유학 제도

라. 표시 · 표식류의 정비와 규정 준수에 철저

마. 감독자로서 작업 현장의 지식 습득

바. '위험 검출형'에서 '안전 확인형'으로의 발상 전환

이와 같은 유의점들에 초점을 맞춰 각각의 작업 현장에서 자동화기기에 알맞는, 적절한 안전을 확보하기를 바란다. 자동화기기라 할 지라도 이를 사용하는 것은 오퍼레이터(operator)인 인간이다. 그러므로 작업자는 각각의 측면을 모두 고려하여 대응해야 한다는 점을 잊지 말아야 한다.

(24) 국제화 시대의 안전 관리

국제화 시대의 안전 관리

저자는 1996년에 말레이시아에서 열린 안전보건세미나에 참가하여 관련 사례를 발표한 적이 있었다. 이 세미나는 당시의 노동성 해외 지원사업의 일환으로 말레이시아 안전보건협회(MSOSH)와 중앙노동재해 방지협회의 공동 주최로 실시되었다. 일본에서는 당시의 노동성, 노동성산업안전연구소, 중앙노동재해방지협회 그리고 민간 기관이 참여하여 일본 내 안전 관리의 실태와 사례를 각각 발표하였다. 세미나에 참여한 사람은 대학 교수부터 기업의 안전보건 담당자까지 상당히 다양했을 뿐 아니라, 130여 명에 이를 정도로 인원도 많았던, 성대한 행사였다.

저자는 이 세미나에 앞서 말레이시아 인재자원성 안전보건국을 공식적으로 방문했다. 당시 화담을 하던 중에 안전보건국장(Ir Zakaria Nanyan)은 이러한 말을 했었다.

"일본 기업이 말레이시아에 진출한 것은 말레이시아의 경제 발전에 있어서 매우 의미 있는 일입니다. 그러나 이후 말레이시아에서는 여태껏 경험하지 못한 사고·재해와 직업성 질병이 생기고 있습니다. 따라서 이러한 사고나 질병에 대한 방지 대책과 작업 현장에서 유용한 안전보건활동도 함께 가지고 오셨으면 합니다."

이는 많은 의미가 함축된 말이었다. 현재 많은 기업들이 해외 진출, 기술 제휴 등을 전개하고 있는 상황에서 안전도 반드시 고려 대상이 되어야 한다고 생각한다.

한편, MSOSH와의 사전 미팅을 할 때 누군가 저자에게 "이번에 히구찌(樋口) 씨가 발표하실 사례에 혹시 KYT 관련 내용도 포함되어 있나요?"라는 질문을 했다. '말레이시아에서도 KYT가 알려져 있구나'라는 생각에 새삼 KYT의 우수성에 감동하면서, "물론입니다."라고 답했다. 그 뒤 당일 발표할 사례 내용 중에 일부를 수정했다. 그리고 세미나를 진행할 때 참가자 가운데 몇 명을 선정하여 전원이 보는 앞에서 KYT의 기초인 '4R법'을 직접 체험할 수 있는 기회를 주었다.

마지막 날 Q&A 시간에 참가자 한 사람이 말했다.

"하구찌 씨가 소개한 KTY 체험은 잘 봤지만, 말레이시아의 문화는 차이가 있기 때문에 '지적 확인'을 수행하기는 다소 어려울 수 있어요."

그러자 MSOSH 부회장인 자그데브 싱 박사(Dr. B. Jagdev Singh)는 이를 지적하며, 다음과 같이 말했다.

"지금 이 자리에서 문화의 차이를 발언하는 것입니까? 문화의 차이는 언급하지 않아도 누구나 알고 있습니다. 지금 중요한 것은 '무엇을 해야 하는가'입니다. 좋다고 생각되는 것은 받아들여 안전보건활동의 활성화를 도모하고, 재해 방지의 목적을 달성해야 하는 것입니다."

매우 설득력 있는 발언이었기 때문에 감명을 받아 아직도 저자의 기억 속에 남아 있다. 이러한 실태로 알 수 있듯이 현재 세계는 일본의 안전보건관리를 주목하고 있다. 현장안전관리자는 이 점을 항상 유의하기 바란다.

기업 독자의 안전 관리시스템

저자가 회사에 재직하던 시절, 기술제휴 관계로 미국, 한국, 대만 등에서 온 기업의 현장안전관리자와 교류할 기회가 있었다. 어디를 가든 공통적인 질문은 내가 설명한 안전 관리의 내용이 '일본의 법률에 근거한 것인지, 기업의 경영 철학인지, 공장의 독자적인 방침이나 관리 기준인지'에 대한 것이었다.

지금은 단순히 법률을 지키는 시대가 아니라, 기업(공장)이 독자적으로 확실한 안전 관리 방침을 구축하여 이러한 기준에 의거한 관리 활동을 전개해나가는 시대인 것이다.

현장안전관리자의 역할

이전에 현장안전관리자는 자신이 소속된 공장(사업장)의 사고·재해 방지를 주요 업무로 삼고 노력해왔다. 물론 이것이 가장 중요한 과제라는 점은 변함이 없다.

하지만 국제화 혹은 보더레스(Borderless, 경계나 국경이 없음)화를 부르짖는 오늘날, 넓은 시야를 토대로 기업 경영을 위한 노동력을 확보하고 쾌적한 작업 환경을 형성해야 하는 점에서 한층 더 관리 범위를 확대해야 한다고 생각한다. 국적이나 지역을 묻지 말고 '한 사람 한 사람이 우수한 사람'이라는 생각, 즉 한 사람 한 사람을 차별 없이 소중히 대하는 것이야말로 '재해제로의 마음'을 양성하기 위한 것이다.

현장안전관리자는 '하드웨어적인 측면'에서 안전 관리를 중시하고, 노력을 게을리해서는 안 된다. 특히 예전의 습관에 사로잡히지 말아야 한다. 지금 책장을 넘기는 이 순간에도 과거의 활동 내용에 대해서 다시 한 번 돌이켜보는 것이 필요하다. 이를 통해 절차탁마(切磋琢磨, 학문·수양을 닦는데 전념)하여 스스로를 갈고 닦아야 한다.

내려가는 것이야말로 등산

얼마 전 여성 등산가 타베이 준코(田部井淳子) 씨의 강연을 들을 기회가 있었다. 강연 주제는 '내려가는 것이야말로 등산'이었다.

타베이 씨는 여성 등산가로서서 세계에서는 처음으로 초몰룽마(Chomo-lungma, 티베트어로 에베레스트, '대지의 모신[母神]'이라는 뜻)의 정상을 정복하였다. 당시 세계 보도기관에서 대대적으로 보도하였다.

타베이 씨는 말했다.

"저는 확실히 초몰룽마의 정상을 정복하였습니다. 그러나 사실 산은 오른 후가 더 문제입니다. '전원이 무사하게 하산하는 것'이 중요하기 때문입니다. 따라서 전원이 무사하게 하산하는 것이야말로 비로소 등산의 끝이라고 할 수 있습니다."

우리는 다양한 교육을 받고 있다.

교육이 끝나면 대부분의 경우 '수료증'이나 '확인증'을 받는다.

그러나 안전교육은 수료증만 받는다고 끝나는 것이 아니다. 교육 내용을 작업 현장에 고스란히 가져가서 현장에서 실천하여 '제로재해'를 달성할 때 비로소 교육은 끝이 나는 것이다.

그러므로 지금부터의 활동과 실천이 무엇보다 중요한 것이다.

저자는 교육센터에서 'RST 강좌' 수강생들에게 최종 마무리 인사를 언제나 이 멘트로 하고 있다.

제2장

비정상 작업의 안전 관리

1. 비정상 작업의 정의와 표준화

비정상 작업과 단독 작업

얼마 전까지는 단독(1인) 작업을 금하는 것이 하나의 안전 대책으로 자리했었다. 즉, 위험한 작업 또는 비정상 작업은 반드시 둘 이상의 작업자들이 수행해야 하고, 절대 한 사람이 대응해서는 안 된다는 것이었다.

그러나 최근 기업에서는 성인화와 성력화를 추구하기 때문에 1인 작업자가 다양한 작업을 수행한다. 작업자는 점차 다기능공화가 되어가고, 이와 더불어 기계 · 설비는 자동화 및 메카트로닉스화가 되어가고 있다.

기계 · 설비가 자동화되면서 어떤 의미에서는 안전성이 비약적으로 향상되었지만, 다른 한편으로는 생산 라인이 대부분 시스템으로 가동되기 때문에 일시정지, 오작동 등과 같은 트러블이 자주 발생하게 되었다. 그런데 이러한 트러블을 보통 1인 작업자가 대응하기 때문에 비정상 작업에서 단독 작업을 하는 과정에서 새로운 과제가 발생하게 된 것이다(그림 2-1).

즉, 시대의 변화로 인하여 비정상 작업에서의 단독작업에 의해 재해가 자주 발생하기 때문에 이에 대한 대응이 큰 과제로 급부상하고 있는 것이다.

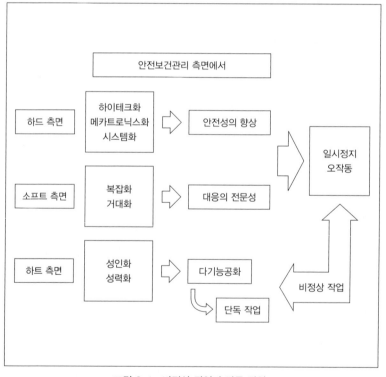

그림 2-1 비정상 작업과 단독 작업

비정상 작업이란?

1996년부터 1997년에 걸쳐 비정상 작업에 관한 각종 가이드라인이 공표되면서 비정상 작업의 정의가 나오게 되었다(표 2-1).

가이드라인에 따르면 기계의 보전 작업, 설비의 시동 작업, 설비

---

1. 화학 설비의 비정상 작업(1996-6-10 기발[基発] 제364호)
- 보전 작업
  비정기 혹은 정기적(긴 주기마다)으로 하는 개선, 수리, 청소, 검사 등의 작업
- 트러블 대처 작업
  이상, 조정 불량, 고장 등 운전상의 트러블에 대처하는 작업
- 이동 작업
  원료 제품 등의 변경 작업 또는 스타트업, 셧다운 등의 이동 작업
- 시행 작업
  시운전, 테스트 등 결과를 예측하기 어려운 작업

2. 철강 생산 설비의 비정상 작업(1997-3-24 기발[基発] 제 190호)
- 보전 작업
  비정기 혹은 정기적(긴 주기마다)으로 하는 개선, 수리, 청소, 검사 등의 작업
- 트러블 대처 작업
  이상, 조정 불량, 고장 등 운전상의 트러블에 대처하는 작업
- 설비 시동 작업
  설비의 신설 · 개조 작업 또는 휴업 · 일시정지 후 통산 운전을 할 때까지의 작업
- 테스트 · 연구 작업
  제품 개발, 설비 개발 등을 목적으로 한 시작(試作) 또는 연구 작업
- 설비의 신설 · 개조 작업
  설비를 신설하거나 개조하는 작업

3. 자동화 생산 시스템의 비정상 작업(1997-12-22 기발[基発] 제765호)
- 보전 작업
  비정기 혹은 정기적이지만 빈도가 낮은 보전 작업 및 생산 준비 교체 때문에 설비를 시동할 때(휴업 및 일시정지하고 있던 설비를 시동할 때를 포함) 하는 조정 및 시운전 작업
- 이상 처리 작업
  통상적으로 운전 중에 발생하는 이상, 고장 등의 처리 작업(복귀 작업을 포함)

표 2-1 비정상 작업의 정의
각종 가이드라인에서 제시하고 있는 비정상 작업의 정의

의 신설 또는 개조 등을 실시할 때 작업 사이클이나 빈도 차이는 있지만 크게 두 가지로 구분할 수 있다. 첫 번째는 작업 시작 전에 해당 작업에 대해서 어느 정도 예측을 할 수 있는 것이다. 두 번째는 작업 중에 기계 고장, 트러블 발생, 시스템 오작동, 재료·부품의 품절 등 예측할 수 없는 계기로 인해 해당 작업을 일시정지하고 임시 돌발 작업을 진행하는 것이다.

따라서 비정상 작업이라 하더라도 첫 번째는 비정형 작업, 두 번째는 임시 돌발 작업으로 구분하여 검토하는 것이 필요하다(그림 2-2). 특히, 임시 돌발 작업은 대부분이 단독 작업인 것이 특징이다.

작업의 표준화가 기본

비정형 작업이든 임시 돌발 작업이든 재해 방지의 관점에서 최대한 표준화해야 한다.

지금까지 여러 번 언급했듯이 어떠한 작업이든 결국 작업은 '기본 동작(스텝)'의 조합이다. 비정상 작업이라고 하더라도 각각의 기본 동작으로 분해한다면 일상적으로 수행하는 정상 작업과 동일하다. 단지 그 순서가 다를 뿐이다. 정상 작업의 순서가 바르게 정해져 있다면 기본 동작의 조합을 바꿔가면서 비정상 작업의 작업 순서도 작성할 수 있기 때문에 이론적으로 비정상 작업은 표준화가 가능한 것이다.

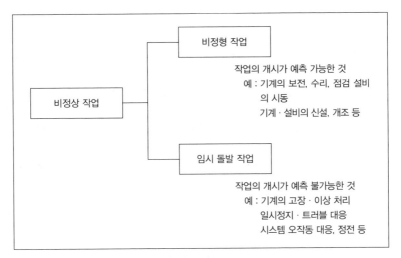

그림 2-2 비정상 작업의 분류

작업 사이클이나 빈도 등과 관계없는 작업이나 임시 돌발 작업도 표준화된 작업 절차서에 따라서 작업을 수행해야 한다. 특히 비정형 작업에서는 충분히 사전에 내용을 파악할 수 있기 때문에 모든 사태를 감안해서 작업 계획, 순서, 취약점, 인원 배치를 관련 작업자에게 명확하게 주지시킨 후 작업을 개시해야 한다.

무엇보다 일상적인 정상 작업 안에서 작업 순서가 제대로 정해져 있는지 아닌지에 따라(그것이 똑바로 지켜지고 있는지 아닌지에 따라) 비정상 작업에서의 사고 유무가 크게 달라진다는 것을 먼저 이해하는 것이 중요하다.

인원 배치

임시 돌발 작업에서는 정확한 상황 판단이 요구된다. 최근 자동
화기기에는 구동부에 산업용 로봇이 부착되어 있는 경우가 많다.
이 때문에 이에 관한 검사 또는 교육 업무는 교육을 수료한 사람이
아니라면 할 수 없기 때문에 일정한 자격을 요하는 작업도 있다.
정상 작업과 비교해서 폭넓은 지식, 판단력, 기능과 기술을 필요로
하는 작업도 많이 있다. 임시 돌발 작업에 대응하기 위해서는 작업
의 분담과 배치를 평소에 충분히 고려하는 것이 중요하다.

2. 하드·소프트·하트 측면의 안전 대책

비정상 작업의 안전 확보

　재해 발생률로 봤을 때 비정상 작업에서의 재해는 임시 돌발 작업에서 압도적으로 많이 발생하고 있다. 또한 작업이 급한 상황에서 일시정지 등의 문제가 발생한 경우에는 '자기 라인의 실수가 작업 현장 전체의 흐름을 저해시켜서는 안 된다'라는 의무감(mission)에 빠져, 베테랑 작업자나 감독자 층의 투입이 많아지면서 재해 발생이 많이 일어나는 것도 비정상 작업에서 일어나는 재해의 특징이다.

　비정상 작업에서 안전을 확보하기 위해서는 특히 임시 돌발 작업을 중심으로 하여 하드웨어, 소프트웨어, 하트의 모든 측면을 고찰하는 것이 바람직하다고 생각한다.

하드웨어와 소프트웨어 측면의 대책

임시 돌발 재해를 방지하는 방법은 먼저 '그러한 사태가 발생하기 전에 막는 것이 제일'이다. 근래 많은 기업에서 도입하고 있는 TPM 활동은 이전에 기계 · 설비가 고장나서 멈추면 고친다는 사후 보전의 생각을 바꾸는 예방 보전(Preventive Maintenance) 혹은 생산 보전(Productive Maintenance) 방법으로 발전시키는 것이다.

기계 · 설비, 특히 메카트로닉스 설비에 신뢰성을 높이고, 일시 정지 등을 복구함과 동시에 임시 돌발 작업을 근본적으로 제거하는 것이 중요하다. 따라서 TPM 활동은 재해 방지의 관점에서도 주목해야 하는 것이다(그림 2-3).

한편, 대부분의 생산 설비가 라인화되고 시스템화되고 있다. 기계가 멈추면 구동원이 멈춘 것인지 다른 원인이 있는 것인지 잠깐 봐서는 전혀 알 수 없기 때문이다. 이에 대응하기 위한 방법으로 시퀀서(sequencer, 순차제어장치)의 조합을 택하기 쉬운데, 이 해결 방법이 오히려 더 나쁜 상황을 만든다. 트러블을 조금이나마 빨리 복구해야 한다는 임무 때문에 전후 사정이나 주변의 확인도 없이 행동부터 하게 될수록 점점 더 재해요인이 증가하게 되는 것이다.

재해 상황의 예를 들어보자. 어느 자동화기기에서 일시정지가 발생했다. 작업자는 대수롭지 않게 비상정지 버튼을 누르고 작업중인 제품(부품)을 빼내려 했다. 그 순간, 구동원인 에어실린더가 작

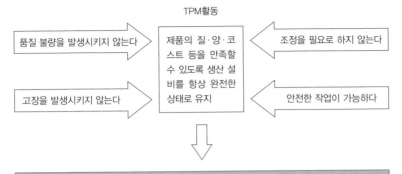

TPM활동

	제품의 질·양·코스트 등을 만족할 수 있도록 생산 설비를 항상 완전한 상태로 유지	
품질 불량을 발생시키지 않는다 →		← 조정을 필요로 하지 않는다
고장을 발생시키지 않는다 →		← 안전한 작업이 가능하다

예방 보전 (Preventive Maintenance)

고장 · 불량이 발생하지 않도록 하기 위한 일상의 보전 활동
일상적인 점검, 정도 측정, 정기적인 오버홀(Overhaul, 기계류를 완전히 분해하여 점검 · 수리 · 조정하는 일, 여기서는 부분적, 전체적 오버홀 모두를 뜻함), 윤활유 교체, 급유 활동 실시, 영화 상태를 측정하고 판단하여 사전에 부품 교환 및 수리를 하는 활동

생산 보전 (Productive Maintenance)

계량 보전 (Corrective Maintenance)

고장 · 불량을 발생시키지 않도록 또는 보전하기 쉽도록 설비를 개량하는 활동
고장 · 불량이 발생하기 쉬운 설비들의 약점을 파악하고, 그것을 개량하거나 일상적으로 점검하여 작업 교체 준비(급유 또는 부품의 교환) 및 조작이 쉽도록 설비를 개량하는 활동 (예) 시스루(See throught)화 등

보전 예방 (Maintenance Prevention)

새로운 설비를 도입하는 경우에 설계 단계에서 고장나지 않고(신뢰성이 높고), 또는 보전하기 쉽고(보전성이 높은), 준비 및 교체가 쉬우며, 조정하기 쉽도록(조작성이 좋도록) 고려하여 기계 · 설비를 설계하는 활동

그림 2-3 TPM 활동의 흐름

동하면서 손이 끼이는 재해가 발생했다. 작업자는 비상정지 버튼을 눌렀기 때문에 당연히 실린더가 움직이지 않는다고 생각하여 손을 내민 것이지만, 이 기기의 비상정지는 에어실린더로 공급하는 에어를 멈추는 구조였기 때문에 실린더 내에 남아 있는 압력으로 실린더가 움직인 것이다.

즉, 이 기기에는 공급된 에어를 멈추는 동시에 잔압을 빼주는 세 방향 밸브가 설치되어 있지 않았고, 해당 작업자는 장치의 에어 회로까지는 확인하지 않았던 것이다. 재해가 발생하고 나서야 배관을 확인하여 그 상황을 인지할 수 있었다.

메카트로닉스 설비의 안전 대책은 소프트웨어 측면의 대책에만 의지하지 말고 하드웨어 측면의 대책도 동시에 생각하여야 한다. 기계·설비에 안전 커버, 멈춤 장치 등을 설치하고, 프레스 기계에 안전 블록을 설치하는 등 반드시 하드웨어와 소프트웨어의 양쪽 측면으로 접근해야 한다고 생각한다.

하트 측면의 대책

이전의 안전 대책은 하드웨어와 소프트웨어적인 측면의 대책만을 말해왔다. 그러나 앞에서 언급한 바와 같이 메카트로닉스화가 진행되는 오늘날, 소프트웨어를 기계장치의 제어를 위한 것이라고 생각하기 쉽다.

그래서 여기서 특히 작업자와 관련된 안전 대책으로 하트의 측면을 설명하고자 한다.

인간의 특성

이것은 '인간은 실수를 범하는 동물이다'라는 것이 대전제가 된다. 심리학의 여러 연구를 통해 밝혀졌듯이, 인간은 본디 결함이 많고 자주 실수를 범한다. 특히 일을 서두르거나, 정보가 불확실하거나, 작업 순서를 이해하지 못했을 때 착오, 충동적인 행동, 생략 행위, 억측 판단 등의 오류를 범하게 되는 것이다(표 2-2, 2-3).

긴급한 일이 발생하게 되면 급한 나머지 생각치 못한 행동을 하

인간의 결함 - 부주의하는 것 -

〔착오〕
착오란 좌우를 잘못 조작한다거나, 오르면 안될 곳을 오르거나, 손을 내밀면 안될 때 손을 내민다거나 등 어떤 상황에서 특정한 심리 상태가 되어 실책을 하는 경우를 착오라 한다.

〔충동적 행동 · 생략 행위〕
충동적 행동 · 생략 행위는 꼼꼼히 처리해야 할 일임에도 불구하고 귀찮게 생각하여 욕구를 충동적으로 발산 혹은 생략하는 행위를 말한다
• 조금 돌아가는 제대로 된 길 대신 지름길을 선택하는 행위
• 정해진 작업 순서 생략, 보호구 미착용 등 반드시 필요한 순서를 생략하는 행위

〔억측 판단〕
억측 판단이란 자신의 주관적인 마음으로 판단하거나, 희망적인 관측에 의거하여 '괜찮겠지'라는 안이한 판단을 하는 것을 말한다.

표 2-2 인간의 특성
중재방 《안전관리의 행동과학 입문》 나가마치 미츠오의 저서에서 발췌

〔착오의 배경〕

착오의 원인에는 다음과 같은 사항들이 있다.

- 너무 피곤할 때
- 다른 관심사로 인해 작업 대상을 충분히 확인하지 않았을 때
- 훈련이나 경험이 불충분할 때
- '괜찮겠지'라고 판단하여 쉽게 생각할 때
- 서두르거나 감정이 흥분되었을 때
- 비슷한 형상들이 나열되어 잘못 보았을 때

〔충동적 행동 · 생략 행위의 배경〕

충동적 행동 · 생략 행위의 원인에는 다음과 같은 사항들이 있다

- 안전한 행위를 함에도 불구하고, 시간 또는 거리의 측면에서 번잡함과 성가심을 느낄 때
- 태만한(하기 싫은) 기분이 들 때
- 일을 서두를 때
- 일을 경시할 때(자기 과잉, 모욕, 간단하게 끝나는 경우)
- 지켜야 할 작업 순서의 의미를 충분히 이해하지 못할 때
- 충동적 행동이나 생략 행위를 유혹하는 환경일 때

〔억측 판단의 원인〕

억측 판단의 원인에는 다음과 같은 사항이 있다

- '일을 빨리 마치고 싶다', '집에 빨리 가고 싶다', '빨리 건너야지'와 같은 강한 소망이 있을 때
- 정보가 불확실할 때
- 과거의 경험에 대한 선입견이 있을 때
- 희망적인 관측이 있을 때

표 2-3 인간 특성의 배경
중재방 《안전관리의 행동과학 입문》 나가마치 미츠오의 저서에서 발췌

게 되고, 이것이 커다란 재해의 원인이 되는 경우가 많다. 이는 인간이 본래 가지고 있는 결함 때문일 것이다.

관리체제와 안전교육

재해 방지의 기본은 관리체제의 정비라고 생각한다. 현장안전관리자나 작업책임자의 작업 지시와 같은 지휘명령계통이 확립된 직

제 조직과 일체화되는, 이러한 안전관리체제가 구축되어야 한다. 종종 이름만 작업 책임자로 되어 있거나, 반대로 작업 현장 내의 많은 부분을 한 사람의 작업책임자가 겸임하는 경우가 있는데, 이는 좋지 않다.

긴급 시에는 특히 복구를 위한 작업 계획을 면밀히 검토하고 작업지시자는 정확한 상황 판단을 통해 작업 순서를 지시해야 한다. 이를 위해 일상적으로 부하의 지식, 기술(기능), 직무 능력 등을 파악하여 작업에 필요한 지식과 기술이 뛰어난 사람을 사전에 복구 담당자로 선임해두는 것이다.

어느 기업에는 릴리프맨(relief man)이라는 명칭을 사용한다. 릴리프맨은 작업별로 각각 임시 돌발적인 대응을 수행하고 복구 작업을 담당한다. 그러므로 릴리프맨은 평소에 행하는 작업 현장의 관리, 커뮤니케이션의 활성화, 밝은 작업 현장을 위한 인간관계 구축이 유사시 재해 방지에 얼마나 큰 효과를 발휘하는지 이해해야 한다.

안전교육은 먼저 인간의 특성을 이해시켜야 한다. 그 다음으로 지식(頭), 기능(腕), 태도(心)를 교육하는 것이다(표 2-4). 그리고 언제나 냉정한 판단이 가능하도록 판단력을 기르는 훈련을 한다. 이처럼 계획적인 교육과 훈련을 실시하고 작업절차서에 따라 정확한 작업 지시가 가능할 수 있는 안전관리체제를 정비해야 한다. 이

목 적	내 용	
지식 교육	취급하는 기계 · 설비의 구조, 기능, 성능의 개념을 이해시킨다 재해 발생의 원리를 이해시킨다 안전보건에 관한 법규, 규정, 기준에 대해 이해시킨다	【지식】
기능 교육	작업에 필요한 심신 기능의 작동을 가르친다 작업의 기초가 되는 기능 · 기술을 습득케 한다 습득한 기초 기능 · 기술을 발판으로 응용 기술을 습득케 한다	【기능】
태도 교육	안전보건작업에 대한 마음가짐과 몸가짐을 가르친다 작업 현장 법률과 안전보건 법률을 몸에 익히도록 한다 동기부여를 시켜 의욕을 갖게 한다	【태도】

표 2-4　인간의 특성을 이해한 안전교육
중재방 안전보건교육센터 《RST 강좌 텍스트》에서 발췌

것이 비정상 작업에서 재해를 방지하는 열쇠라고 할 수 있다.

부적절한 작업 지시로 인해 발생되는 많은 재해 또한 비정상 작업에서 일어나는 재해의 특징이다.

3. 안전교육 & 훈련

안전교육 실시의 전제

① 조건 정비

얼마 전 PC의 주요 부품을 제조하고 있는 하이테크 공장을 견학한 적이 있다. 크린룸 안에는 최신 메카트로닉스 설비가 정렬되어 있었다. 그런데 자세히 살펴보니 조작판에는 일본어와 영어가 섞여 표시되어있었다. 일제와 수입 설비들이 혼재되어 있었던 것이다.

또한 크린룸 출입구의 문은 사람이 가까이 가면 센서가 감지되어 자동 개폐되었다. 얼핏 보면 아주 잘 되어 있는 듯 보였다. 하지만 내가 "만약 긴급 사태가 벌어져 대피해야 한다면 이 문은 어떻게 되나요?"라고 질문했을 때 안내자는 "그러고 보니 전원이 끊어졌을 땐 확인한 적이 없네요."라고 대답했다.

긴급 사태가 발생하면 순간적으로 판단하여 행동해야 한다. 그런데 과연 이 순간에 일본어와 영어가 혼재되어 있는 조작판을 정확히 조작할 수 있을까? 또한 긴급 시 대피를 할 경우에 자동 개폐 시스템은 괜찮을까? 불안한 견학이었다.

안전교육의 필요성에 대해서는 다시 언급할 필요도 없지만, 과연 그것의 교육 내용이 현상과 잘 맞는 것인지, 유사시 정확하게 행동할 수 있도록 조건 정비는 잘 되어 있는지에 대해 다시금 생각하게 하는 사례들이 실제로 많이 있다.

표식·표시의 통일, 긴급 사태 발생 시 예상되는 환경 변화, 그 변화에 대응하기 위한 작업 순서의 정비, 이러한 것들은 안전교육을 실시하기 전에 반드시 확인해야 할 사항이다.

② 교재의 정비

비정상 작업에 대해 작업 행동을 교육할 때 사용되는 교재는 장치별로 정해진 정확한 절차서이자 매뉴얼이다. 매뉴얼을 사용하여 교육함으로써 가르치는 사람의 개인차를 줄이는 동시에 보다 효율적인 교육도 실시할 수 있다. 게다가 베테랑 작업자의 관습에 의해 발생하는 실수를 방지하기 위해서라도 정확한 절차서에 의한 교육이 필요한 것이다.

③ 교육 체제

현재 기업에서는 내부 교육이 성행하고 있다. 냉엄한 경영 환경 속에서 기업의 존속을 위하여 다른 회사에는 없는 신제품, 생산 방법, 생산 공정의 개발과 더불어 보다 효율화된 시스템의 연구 등에 박차를 가하고 있다. 이 모든 것이 기업의 내부 교육에 달려 있는 것이다.

한편, 안전교육은 이러한 교육과는 별도로 기획되고 운영되는 경우가 많다. 중요한 것은 다양한 내부 교육과 안전교육이 결국은 하나라는 점이다. 기업의 내부 교육 안에 안전교육을 하나의 프로그램으로 정착시켜 모든 기업의 내부 교육과 안전교육을 동시에 진행해야 한다. 생산 공정의 변화, 신설 설비의 도입, 사용 원재료의 변화 등에 발맞춰 안전교육이 이와 동시에 실시될 수 있도록 교육 체제를 정비하는 것이 중요하다.

어느 기업에서는 '유학 제도'를 진행한다. 새로운 장치를 도입할 경우에 사용자 측의 오퍼레이터를 일정 기간 동안 장치의 제조업체에 파견하여 사용자 입장에서 좋은 점, 나쁜 점, 트러블의 처리 방법 등을 직접 파악하게 하여 장치 사용에 반영하는 것이다. 장치 업체만의 판단으로 작성하는 것이 아닌, 사용자 입장에서 판단하여 편리성 등을 반영해가는 흥미로운 활동이라 할 수 있다.

안전교육은 배운 것을 '실행'해야 한다

① 가르치고 기른다

안전교육은 '가르치고 기르는 것'이다. 일반적인 교육은 지식을 전달하는 것에 주안점을 두지만, 안전교육은 전달하는 지식을 바탕으로 행동하고, 이를 반드시 지킨다는 태도를 양성하는 것이다. 따라서 지식을 부하에게 가르치고, 지도하며, 육성하는 것이 안전교육이라 할 수 있다. 인간의 특성을 이해한 작업 현장의 안전교육은 가르치고, 육성하고, 유도하는 것이다. 즉, 안전교육은 훈육이라고 생각한다.

② 훈련

유사시 교육 내용을 정확하게 행동으로 옮길 수 있도록 단련하는 것이 바로 훈련이다.

어느 날 저자와 이웃인 노인 한 분이 TV에서 방영하는 지진 피난 훈련을 보고 분개하며 이야기했다.

"막상 지진이 나면 기어갈 수도 없는데, 뛰어서 피난하는 훈련을 왜 하는 거야?"

'훈련은 실전같이, 실전은 훈련같이'라는 말이 있다. 비정상 작업의 훈련도 반드시 실전처럼 긴박감 있게 실시해야 한다.

③ 긴급사태의 대응

긴급 시 가장 먼저 해야할 것은 인명 구조이다. 그 다음의 대응이 2차 재해 방지이다. 이전에는 긴급 시에 전원을 끊어 동력원을 철저하게 차단시켰다. 그러나 최근과 같이 대량의 화학물질들이 사용되는 작업 현장에서는 이러한 것들이 반드시 통용되는 것은 아니다.

예를 들어 유해가스를 사용하는 작업 현장에서 화재가 발생했다고 하자. 만약 여기서 전원을 끊는다면 배기 장치도 함께 멈추게 된다. 배기 장치가 멈추면 유해가스는 작업 현장 내에 가득 차게 되고, 직원은 역으로 유해가스를 마시게 되는 것이다.

따라서 화재가 다소 확대되는 것을 각오하고, 적어도 직원들이 피난할 때까지는 배기 장치의 전원을 끊지 말아야 한다. 이와 같이 긴급사태에 대응할 우선순위를 사전에 예측하도록 이를 매뉴얼화해야 하는 것이다.

산소 결핍으로 쓰러진 동료를 구하기 위해 무방비 상태로 뛰어들었다가 구조자도 같이 쓰러진 사례는 자주 듣는 이야기이다. 일단 유사시에는 관련자와의 연계 활동이 매우 중요하다. 그러기 위해서 어디로, 무엇을, 어떻게 하는 지에 대한 연락 체제의 정비가 중요하다.

긴급사태 발생 시 대응 방법을 매뉴얼화하는 것이 중요하다. 즉, '긴급 시 조치 기준'과 외부 관련 기관을 포함하여 연락 체제를 정비하는 것이 중요한 것이다.

④ 긴급 시의 피난

다음은 어느 기업의 현장안전관리자로부터 들은 이야기이다.

작업 현장에서 화재가 발생하였다. 작업 현장에 있었던 사람들은
정해진 방법에 따라 피난을 하였다. 피난이 완료되고 난 다음 책임
자가 대책 본부에 '○○ 작업 현장, 전원 피난 완료!'라고 보고하였
다. 그런데 화재가 진화되고 나서 작업 현장으로 가보니 불에 타서
사망한 시신 한 구가 발견되었다는 것이다.

어디서부터 잘못된 것일까? 사실 "전원 피난 완료!"라는 보고
자체가 잘못되었다. 정확하게는 "○○ 작업 현장, 오늘 출근 인원
○○명, ○○명 피난 완료!"라고 보고해야 한다.

작업 현장의 안전을 위해서는 항상 구체적으로 행동해야 한다.
비정상 작업에서의 대응이든, 긴급 시의 대응이든 정확하게 현상을
파악하여 구체적으로 지시해야 한다.

4. 사전의 일책은
사후의 백책을 능가한다

사전의 일책은 사후의 백책을 능가한다

'사전의 일책은 사후의 백책을 능가한다'라는 말이 있다. 이 말을 통해 비정상 작업에서의 안전에 대해 생각해보고자 한다. 작업 현장의 안전은 선취(한발 앞서 행동)하는 것이다. 비정상 작업의 안전도 마찬가지이다. 앞서 여러 번 설명했던 'KYT'와 '리스크 어세스먼트'를 활용하여, 이 선취 수법으로 활용할 수 있다(그림 2-4).

임시 돌발 작업에서의 안전 선취

비정상 작업에서는 임시 돌발적으로 트러블이 생기고 수정할 상황이 생긴다. 비정상 작업에서 안전을 선취하는 수법은 '즉시 그 자리에서의 KYT'이다. KYT는 '1Round'에서 "어떠한 잠재 위험이 존

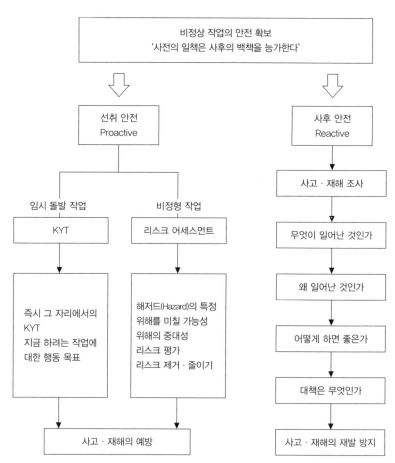

그림 2-4 사전의 일책은 사후의 백책을 능가한다

재할까?"라고 질문한다. 그 뒤 지금 하고자 하는 작업에 숨어 있는 잠재 요인을 '위험한 상태'와 '위험한 행동'으로 구분하여 판단하고, 이것이 어떠한 현상(떨어진다, 끼이다 등)으로 이어질지에 대해 생각한다. 그 후에는 그 요인들을 피하기 위해서 어떤 행동을 해야할지를 정하고, 이를 큰 소리로 외쳐서 뇌 속에 의식시키면서 행동으로 이어지도록 하는 것이다.

1Round에서 중요한 것은 잠재된 모든 요인들을 가정하여 발상하는 것이다. 결코 미리 대책을 염두하여 가정해서는 안 된다. 또한 KYT는 팀 단위로 수행하는 것이 원칙이다. 따라서 결국 공동 작업을 통한 팀워크(팀의 연대감)가 팀의 목적인 재해 방지로 이어지는 원동력이 되는 것이다.

KYT의 수법 가운데 하나로 '작업 지시 STK 훈련'이 있다. 이는 작업 지시의 체크 포인트를 S(작업), T(팀), K(위험 예지)로 하는 것이다. 이는 임시 돌발 작업에서 작업 지시를 하는 데에 있어서 핵심적인 방법이라고 생각한다.

비정상 작업에서는 리스크 어세스먼트

리스크 어세스먼트는 작업이 시작되기 전까지 어느 정도 시간의 여유가 있는 비정형 작업에서 실시하는 선취 수법이다. KYT는 작업자 레벨에서 실시되지만, 리스크 어세스먼트는 관리감독자 레벨에서 진행된다. 또한 지금 수행하려는 작업에 대해 단시간 동안 논의하는 KYT에 비해 리스크 어세스먼트는 어느 정도의 시간을 들여 리스크를 평가하고 대책을 생각한다. 이처럼 리스크 어세스먼트는 항구적인 대책이기 때문에 중대한 재해를 방지하는 결과로 이어질 수 있다.

여기서 중요한 것은 잠재하는 위험의 특정(Hazard Identification) 이다. 즉, 해당 작업에서 잠재된 위험과 재해 요인을 모두 끄집어내는 것이다. 위험의 크기나 빈도 등을 평가하고, 대책을 사전에 생각하여 잠재된 위험을 특정하지 않으며, 예상되는 잠재된 위험을 솔직하게 끄집어내는 측면은 KYT의 1Round 설명과 동일하다.

다음 단계에서는 특정한 잠재된 위험에 대해서 그 위험의 크기와 빈도들을 고려하여 리스크를 추정한다. 그리고 리스크의 크기를 평가하여 대책의 우선순위를 매긴다. 이 때 하드웨어의 측면에만 국한하지 않는다. 작업의 순서, 작업의 지시 체제, 관련자를 위한 교육 등의 소프트웨어적인 측면과 작업자의 인간 특성을 고려한 하트적인 측면의 대책까지 고려해야 한다.

비정형 작업에서는 특히 사전의 일책(사고가 발생하기 전 하나의 대책)을 강구하는 것이 사고 · 재해 방지의 커다란 성과로 이어지는 방법이다. KYT와 리스크 어세스먼트를 비정상 작업에서 안전을 확보하기 위한 수단으로써 각각 분리하여 활용해야 한다. 즉, 비정형 작업은 리스크 어세스먼트, 임시 돌발 작업은 KYT이다.

작업 현장의 안전은 '지적 호칭'으로 확인

비정상 작업에서는 특히 작업 시작과 종료 시에 안전을 확인하는 것이 중요하다. 트러블이 발생하여 원인을 조사하고 처치를 강구한 뒤 재가동시키는 경우에는 스위치를 올리기 전에 반드시 책임자의 확인을 받아야 한다.

라인화된 생산 설비 등은 일제히 가동하지 않고, 각 공정별로 가동하는 것이 중요하다. 이러한 확인을 할 때 '지적 호칭'을 사용하면 효과적이다. 대상물(대상 장소)을 확실하게 지정하면서 큰소리로 "라인 스타트 좋아!", "인원 배치 ○○명 좋아!", "스위치 온 좋아!" 식으로 '지적 확인'을 하는 것이다.

지적 호칭은 눈, 입, 귀, 팔, 손가락 등을 총동원하여 자신의 작업 행동과 대상물의 상태에 대한 정확성 및 안전성을 확인하는 것이다. 공동 작업 시에도 리더격인 사람이 "○○ 좋아?"라고 외치면, 관련 작업자는 대상을 확인한 뒤 "○○ 좋아!"라며 상호 응답하는 이 방법을 통해 판단 오류나 조작 오류를 가장 효과적으로 막을 수 있다.

과거의 경험으로 유사 재해를 방지한다

작업 현장 룰 가운데 상당수가 과거의 쓰라린 경험이 기반이 되어 정해진 것이다. 이 불행한 재해를 두 번 다시 발생시키지 않기 위해, 즉 유사 재해 방지를 위해 귀중한 경험을 토대로 작업 현장의 룰이 만들어진 것이다.

따라서 어떠한 사고 · 재해라도 그 조사는 정확하고 엄격하게 실시되어야 한다. 그러나 이는 누가 했는지에 대한 조사가 아니다. 어떤 일이 일어났는지, 왜 일어났는지, 어떻게 하면 좋은지, 대책이 무엇인지에 대한 부분에 초점을 맞춘 원인 지향형 조사여야 한다. 누가 했는지에 대한 것은 단순히 책임을 추궁하여 당사자를 처분하면서 종료되기 때문에 재발 방지에는 전혀 효과가 없다.

이 원인 지향형의 조사를 수행하며 얻는 결과물을 토대로 유사 재해를 발생시키지 않기 위해 결정하고, 만든 것이 바로 작업 현장의 룰이다. 지키게 하려는 룰이 아닌, 누구나 지킬 수 있는 룰을 만드는 것이다. 귀중한 경험으로 탄생한 작업 현장의 룰은 결국 모두가 지켜야만 하는 룰이다. 이러한 점에서 사고가 터진 뒤에 만들어지는 100가지 정책도 결코 무용지물은 아니라고 생각한다.

관(關) 동서남북 활(活) 통로

"관이란 여러 가지 다양한 관문을 말한다"

"우리들은 누구라도 크든 적든 여러 가지 의미에서 관문을 빠져나가 거나, 통과하려고 한다. 그리고 그 관문을 빠져나가고 통과할 때마다 성장해가고, 그것이 축적되어 각각의 인생이 구성되는 것이다."

선(禪)에서는 인생에 대해서 이와 같이 깨닫는다고 한다.

그런데 우리 '현장안전관리자'도 작업 현장의 안전 관리를 추진하는 과정에서 어려운 문제 또는 과제를 수없이 만나게 된다. 이것들을 하나 하나 해결해나가면서 추진해야 한다. 하나의 문제를 해결한다면 이어서 다음 시책도 마련된다고 생각한다.

이러한 문제 해결이 점차 축적되었을 때 비로소 궁극의 목표인 '재해 제로'에 도달할 수 있는 것이 아닐까 생각한다.

제3장

4M+'M'의 관리를 강화한다

1. 작업 현장 안전활동에 대한 제언

또 하나의 'M'

작업 현장의 안전보건관리를 고려할 때 그 관리 방법인 '4M'이 자주 언급된다. 이는 각각의 관리 요소를 구분한 것을 영어의 초성을 본따서 칭하는 것이다. 즉, 사람의 Man(Woman), 기계·설비의 Machine, 작업의 방법·환경의 Media, 관리 시스템의 Management을 말하며, 이를 총칭하여 4M이라 한다.

'Man(Woman)'은 인간이 문제를 일으키는 요인이 되는 사항인 휴먼 팩터를 일컫는 말이지만, 작업 현장 내 직원들의 인간관계, 지휘 명령, 지시 및 연락 등 넓은 의미에서의 인간 행동도 포함된다. 'Machine'은 기계·설비 등의 물적 조건이나 위험 방지 설비(발판, 통로 등)를 뜻하며, 사람 이외의 것을 말한다. 'Media'란 작업에 관

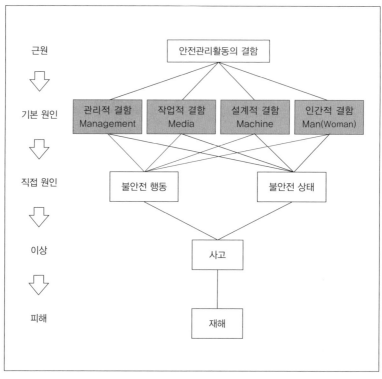

근원

기본 원인

직접 원인

이상

피해

안전관리활동의 결함

| 관리적 결함 Management | 작업적 결함 Media | 설계적 결함 Machine | 인간적 결함 Man(Woman) |

불안전 행동

불안전 상태

사고

재해

그림 3-1   노동재해 발생의 흐름
중재방 《새로운 시대의 안전관리의 모든 것》 오오제키 신 저서에서 발췌

한 정보나 작업 방법, 작업 환경 등을 말한다. 'Management'란 관계 법령의 준수, 사내 규정 등의 정비, 관리 조직, 교육 훈련, 작업 계획, 작업의 지휘 감독 등 관리에 관한 모든 것을 뜻한다.

여기서는 이 네 개의 M을 통해 안전 관리에 대해서 생각해보고자 한다. 4M의 상세한 설명은 다양한 해설들이 시중에 나와 있기 때문에 그것들을 통해 반드시 학습해주길 바란다. 이번에 저자가 소개하고자 하는 것은 또 하나의 'M', 즉 '임무(Mission)'이다(그림 3-2).

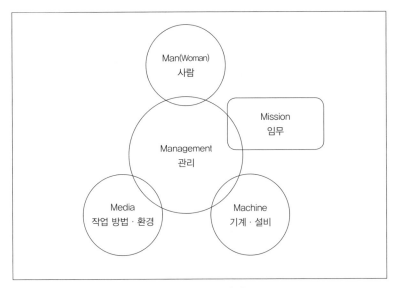

그림 3-2 4M + 'M'
중재방 《믿을 수 없는 실수는 왜 일어나는가?》 구로다 이사오 저서에서 발췌

일본 휴먼팩터연구소의 소장 '쿠로다 이사오(黑田勳)' 씨는 〈표 3-1〉에 나온 내용을 통해 '임무(Mission)'를 설명하고 있다. 시스템화된 생산 설비에서 작업의 효율화와 코스트 의식 등의 임무를 지나치게 강조하여 작업자, 특히 감독자 클래스들의 재해가 많이 발생하게 된다. 비정상 작업에서의 재해 방지를 생각할 때, 임무야말로 이를 가장 함축한 표현이라고 생각한다.

단순히 재해 방지의 측면뿐만 아니라 작업 현장 내 인간 관계의 구축이라는 측면도 또 하나의 'M'으로 생각해보고자 한다. 보통 트러블 발생 시에는 '정지, 호출, 대기'의 룰이 제도화되어 있다. 하지만 대부분의 작업 현장은 좀처럼 비상정지 버튼을 누르지 않는다. 작업 대부분이 단독 작업으로 이루어지고 있다 보니 '임무가 막중하다'는 중압감이 밑바탕에 깔려 있기 때문이라고 생각한다.

하드(Hard) · 소프트(Soft) · 하트(Heart)

앞에서도 언급했지만, 이전의 안전보건 대책은 하드웨어와 소프트웨어의 측면에서 대응하려는 움직임이 주류였다. 최근의 생산 설비는 대부분 라인화와 시스템화가 되어 있는데, 이러한 제어 시스템을 소프트웨어라고 말한다. 하지만 여기서는 접근을 보다 명확히 하기 위해 저자는 이를 오히려 '하트(heart) 측면의 대응이라고 부르고 있다. 작업의 효율화와 코스트 의식만이 강조되어 자칫 잊기 쉬운 '사람(작업자)'의 문제, 즉 '하트 대책'을 강조하고 싶기 때문이다.

최근 생산 설비의 안전보건 대책을 생각할 때 빠뜨리기 쉬운 것이 소프트웨어 대책이다. 시스템화된 생산 라인에서 안전 대책으로 흔히 시퀀서(sequencer)의 조합이나 제어 시스템의 소프트웨어로 해결하려는 경향이 있다. 그러나 제어 시스템은 언제나 오작동할 가능성이 있다는 것을 잊지 말아야 한다.

사람이 시스템을 만들고, 이 시스템 역시 사람이 조작한다.

은행에 구축되어 있는 시스템이 때때로 오작동하여 전산이 마비되는 것과 마찬가지로, 생산 현장의 소프트웨어가 오작동한다고 가정해보면 이는 엄청난 재해로 이어질 가능성이 있다. 따라서 소프트웨어의 대책과 더불어 메카트로닉스 스톱퍼를 설치하는 등 하드웨어의 대책도 고려하는 것이 중요하다.

기계는 고장날 수 있다. 아무리 훌륭한 시스템도 오작동을 할 수 있다. 또한 사람 역시 실수를 범할 수 있다. 하지만 만드는 것도, 사용하는 것도, 결과를 평가하는 것도 모두 사람이 기본이라는 점에서 '하트'의 측면을 잊어서는 안 된다.

2. 'M'의 관리를 강화한다

작업 현장의 안전 관리는 'M'의 관리를 강화하는 것이다. 다만, 또 하나의 'M'을 추가한 '4M+M'이 바람직하다고 생각한다. 여기에 서는 또 하나의 'M(Mission)'을 다섯 가지의 'M'으로 보다 세분화하 여 생각해보려고 한다(그림 3-3).

임무의 'M' 그 첫 번째 : 작업 순서의 표준화 'Manual'

모든 작업은 표준화, 즉 매뉴얼화에서 시작된다. 흔히 비정상 작 업은 작업 순서(매뉴얼)를 만들기 어렵다고 말한다. 그러나 앞서 설 명했듯이, 작업 순서는 단위 작업을 요소 작업별 기본 동작(단계)으 로 분해하여 품질(성패 여부), 능률·효율(작업하기 쉬움), 안전보건 (재해·질병의 예방)의 측면에서 가장 좋은 순서로 나열하여 스텝별

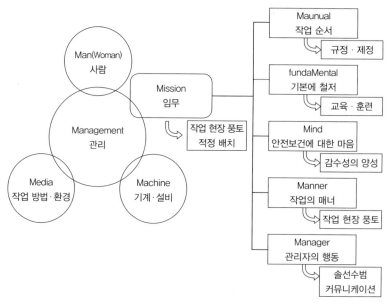

그림 3-3 'M'의 관리를 강화한다

로 취약점을 정리한 것이다. 따라서 정상 작업이든 비정상 작업이든 그 단계는 모두 동일하기 때문에, 작업 단계를 나열하는 방법을 연구한다면 이론적으로 모든 작업은 매뉴얼화가 가능한 것이다.

특히 비정상 작업 중에서 작업 시작 전까지 시간적인 여유가 있는 작업들이 존재한다. 이러한 비정상 작업의 경우에 불의의 사태에 관한 대응을 사전에 마련해야 한다. 또한 예상되는 모든 작업을 반드시 매뉴얼화하여 어떠한 사태가 발생하더라도 매뉴얼에 따라 행동할 수 있도록 교육과 훈련을 시킨 다음 본 작업을 시작해야 한다.

임무의 'M' 그 두 번째 : 기본에 철저 'fundaMental'

안전교육은 기본이 철저해야 한다. 하지만 최근에 일어난 재해들을 살펴보면, 작업자들은 안전의 기본적인 이해가 다소 부족해보인다.

어느 공장에서 한 신입 직원이 감전 사고로 사망하는 재해가 발생했다. 건조 설비에서 전기적 트러블이 발생한 것이었다.

사고의 연유는 이러했다. 설비가 고장나서 당시 그 직원의 고참은 설비 담당 부서에 수리를 의뢰하기 위해 자리를 비웠다. 공업고등학교 전기과를 갓 졸업한 뒤 입사했던 그 신입 직원은 '기껏해야 200볼트짜리 전원을 수리하는데 성가시게 수리 의뢰까지 하러 갔을까'라는 생각을 하며 자신이 직접 코일을 벗기기 위해 충전부에 접촉했던 것이다. 상사가 돌아왔을 때는 이미 그는 감전사를 당한 후였다.

이 재해의 원인은 전기의 위험성을 쉽게 본 것, 즉 전기를 취급할 때는 전원을 차단해야 한다는 기본 동작을 잊은 것이다.

한편, 하이테크화와 메카트로닉스화가 진행되면서 생산 현장에서는 최첨단 기술이 구사되고 있다. 시스템을 움직이는 소프트웨어는 불과 수 볼트의 전원으로 제어되지만, 이로 인해 생산되는 에너지는 엄청나게 방대하다. 산업 현장에 매달려 있는 크레인의 경우, 그 무게가 수 톤에서 수백 톤에 달한다. 그러나 그 크레인을 제어하는 것은 불과 6~12볼트의 마이크로 컴퓨터인 것이다. 마이크로 컴퓨터의 조작만을 교육시키는 것은 전혀 의미가 없다. 크레인의 기본 조작, 크레인의 에너지, 행동 범위 등 보다 포괄적인 지식과 기능까지 충분히 가르쳐야 한다. 최근 많이 사용되고 있는 화학물질의 경우에도 이와 동일하다. 무엇보다 화학 반응의 기본을 확실하게 가르쳐야 하는 것이다.

'정상화의 편견'이라는 말이 있다. 편견이란 치우친 견해라는 뜻이다. 우리들 주변에는 수많은 기계장치들이 있다. 그리고 각각의 기계장치마다 몇 개의 안전장치가 설치되어 있다. 그렇다면 안전장치가 왜 설치되어 있을까? 간단하다. 위험하기 때문이다. 우리들은 안전장치가 설치되어 있는 이유는 잊어버린 채 기계장치가 안전하다는 치우친 생각을 하고 있다. 그러므로 '왜 안전장치가 있는지, 어디에 안전장치가 있는지, 정상으로 작동 중인지, 안전장치를 해제할 경우에는 어떻게 되는지', 이에 대한 기본적인 교육이 무엇보다 중요한 것이다(그림 3-4, 3-5).

예를 들어 우리는 자동차 운전면허를 따기 위해서 기본적인 운전 관련 지식과 기능을 익힌다. 일정 수준 이상이 된 사람에게만 운전면허를 지급하여 자동차 운전을 할 수 있도록 허가하는 것이다. 그런데 '만약 운전면허증이 없는 사람이 운전하면 어떻게 될까? 운전면허는 왜 필요한 것일까?'와 같은 생각을 해보면서 자동차 운전을 하는 사람은 거의 없을 것이다.

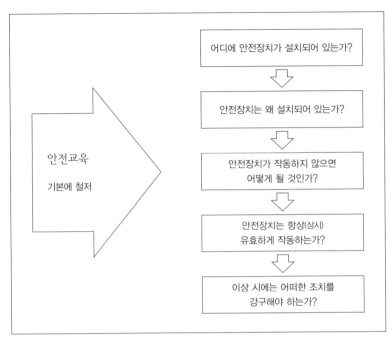

그림 3-4   기본 교육

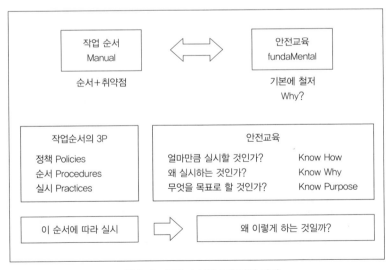

그림 3-5   작업 순서와 교육과의 관계

임무의 'M' 그 세 번째 : 안전에 대한 마음 'Mind'

작업 현장의 안전은 마음(Mind)이다.

다음은 어느 아파트 단지에서 일어난 일이다. 한 자치단체 회의에서 아파트에 있는 중앙공원에 어린이 놀이터로 '물놀이장'과 '모래사장'이 필요하다는 의견이 있었다. 여러 가지 고민 끝에 결국 물놀이장과 모래사장을 만들었다. 여름방학 동안 물놀이장에서 아이들이 재미있게 노는 모습은 정말 보기 좋았다.

그런데 어떤 주부가 어린 아이가 물놀이장으로 떨어질 수 있어 위험하기 때문에 물놀이장에 아이들을 보호할 수 있는 '울타리'를 설치해야 한다는 의견을 제시했다. 모처럼 어려운 과정을 통해 만든 물놀이장에 울타리를 설치하려는 것에 대해 찬성과 반대, 이 두 가지 의견으로 팽팽히 나뉘어 졌다.

이와 같은 이야기는 우리 작업 현장의 이야기와 딱 맞아 떨어진다고 생각한다. 재해가 발생했다. 그 대책으로 안전 커버가 설치되고 다른 안전장치도 설치되었다. 물론 이러한 안전대책이 필요한 점을 처음에는 부정하지 않을 것이다. 하지만 작업자 본인이 스스로 느끼는 안전에 대한 생각, 즉 위험에 대한 감수성을 활성화시킨다는 측면에서 생각한다면 지나친 하드웨어의 과잉 대책이 필요한 것인지 의문이 든다. 이 또한 좋은 생각은 아닐 수도 있지만, 작업자가 자칫 안전에 대해 '방심'을 하는 환경이 된다면 곤란해지기 때문이다.

비정상 작업이나 단독 작업에서 특히 유의해야 할 점은 설치된 안전장치가 작동되지 않는 상태, 즉 긴급 정지한 기계의 트러블에 대응하는 것이다. 순간의 잘못된 판단으로 인해 발생하는 재해가 많다는 점을 명심해야 한다. 작업 현장에서 발생하는 재해와 그 대응에 있어서 작업자는 항상 마음으로 이를 의식해야 한다고 생각한다. 위험한 것은 위험하다고 솔직하게 느끼는 작업 행동의 측면에서 다시 한 번 대책을 생각해봐야 한다(그림 3-6).

재해제로운동에서 제창하고 있는 KYT는 작업자의 위험에 대한 감수성을 높이는 훈련이다. 현재 많은 기업에서 KYT를 도입하고 있지만, KYT를 정확하게 적용하고 있는 곳은 의외로 많지 않다.

KYT는 1Round에서 파악한 현상을 얼마나 정확하게 표현하느

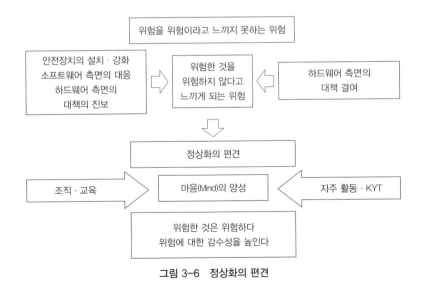

그림 3-6 정상화의 편견

냐에 따라 결과가 결정된다. 대부분 KYT를 실시하지만, 정확한 KYT를 하지 못한다. 예를 들어 KYT를 실시할 때 고소 작업의 일러스트를 보면서 표현하는 경우가 있다. 여기서 만약 "생명줄이 달려있지 않아서 굴러 떨어진다.", "보호 안경을 착용하지 않아서 눈에 먼지가 들어간다."라는 식으로 표현한다면 "생명줄을 착용하자.", "보호 안경을 착용하자."로 끝나고 만다. 이것으로는 정확한 KYT를 실시한다고 말하기가 어렵다. 1Round에서 '어떠한 상태이기 때문에 어떻게 행동했을 때 어떠한 현상이 일어난다'라고 하는 세 가지의 조건이 명확하게 표현되어야 한다.

정확한 KYT의 표현으로 말하면 '좁은 발판 위를 걷기 때문에 미끄러져서 떨어지게 된다'이다. 이렇게 표현한다면 작업 상태와 작업 행동(어떠한 작업을 수행할 것인지)에 대한 양면적인 접근이 명확하게 제시된다. 이 때문에 그와 같은 대책이 왜 필요한지 작업자에게 이해시킬 수 있다. 그리고 그 취약점을 지적 확인으로 확실하게 확인하면서 작업을 수행하는 것이다.

정확한 KYT는 작업자의 안전보건에 대한 사고를 키우는 것이다. 즉, 작업 현장의 위험을 위험으로 느끼고 어떻게 대책을 강화할 것인지에 대한 '마음(Mind)'을 양성하기에 알맞은 수법이다.

임무의 'M' 그 네 번째 : 작업 매너 'Manner'

작업자가 작업을 대하는 마음가짐을 '작업 매너(Manner)'라고 한다. 이 작업 매너를 확립해야 한다. 골프, 야구, 축구 등 모든 스포츠에는 룰이 있다. 플레이하는 사람은 이 룰에 따라 경기한다. 그렇기에 플레이하는 사람도, 경기를 관전하는 사람도 일체가 되어 즐길 수 있는 것이다. 한여름의 더위에도 아랑곳하지 않은 채 고교 야구선수들이 최선을 다해 경기하는 모습을 보면 정말 짜릿하다. 저자가 들은 바로는 고교 야구의 룰은 210조에 달한다고 한다. 즉, 이것을 전원이 모두 지켜야 짜릿한 경기가 가능한 것이다.

그렇다면 작업 현장의 룰이란 무엇일까? 이것이 작업 순서이자 작업 매뉴얼이다. 따라서 해당 작업자는 매뉴얼에 따라 작업해야 한다. 또한 작업 매뉴얼 이외에도 주머니에 손 넣기 금지, 인사 잘하기 등 저마다 존재하는 작업 현장의 룰도 따라야 한다. 이것을 전원이 지킬 때 비로소 작업 매너가 확립된다. 애써 인사했는데 반응이 없는 상사를 보거나 룰을 지키지 않는 작업자가 있어도 무시하는 감독자가 있다면 '재해제로'는 달성될 수 없다.

임무의 'M' 그 다섯 번째 : 관리자의 행동 'Manager'

관리자(Manager)의 행동이야말로 작업 현장 내 안전활동에 중요하다. 관리자의 행동은 부하와의 커뮤니케이션이기 때문이다. 특히 작업의 경우에 부하는 혼자서 작업을 수행하게 된다. 작업을 할 때 관리자와 부하의 위치가 떨어져 있으면 떨어져 있을수록 이 커뮤니케이션이 중요해진다.

"작업자가 멀리 떨어진 위치에 있으면, 작업자와 어떻게 연계하고 있나요?"

내가 이 질문을 하면 많은 관리자는 부하에게 휴대전화를 지참하도록 한다고 말한다. 물론 정상 작업일 때는 전화를 할 수 있다. 그런데 과연 긴급사태가 발생했을 때 시의적절한 정보를 전화로 받을 수 있을까? 본인이 부상을 당했거나 갑작스러운 질병이 발생한다면 휴대전화를 사용하지 못할 수도 있다.

휴대전화를 사용할 것이라면 오히려 일정 시간 간격으로 부하의 작업 진행 상황이나 부하의 상태 등을 확인하는 것이 의미가 있다. 무슨 일이 있으면 휴대전화로 연락이 올 것이라는 생각은 의미가 없다고 생각한다.

KYT 수법 가운데 '질문 KYT'라는 것이 있다. 관리자 스스로 현장에 나가서 작업의 진행 상황 또는 상황 변화에 대한 대응을 놓고 작업자와 함께 KYT를 수행하여 확인하는 방법이다. 이처럼 나는 관리자 스스로가 발로 뛰는 '팔로우업 수법'을 권장한다.

'S·Q·C·D' + 'E'의 일체화 추진

정상 작업의 작업 순서가 확실하고, 작업자는 룰을 잘 지키고 행동하며, 관리자가 솔선수범하여 안전보건관리에 철저하고, 'M'의 관리 또한 잘 실천되는 작업 현장이라면 재해제로도 쉽게 달성할 수 있다. 저자는 그렇게 믿고 있다.

작업 현장의 안전보건관리자는 'S·Q·C·D' + 'E'의 일체화를 추진해야 한다. 최고의 품질(Quality)을 최저의 코스트(Cost)로 최단 시간에 납기(Delivery)하기 위해 현재 기업들은 개혁과 차별화를 진행하며 필사적으로 노력하고 있다. 여기서 반드시 안전보건(Safety)을 일체화시켜 추진해야 한다. 또한 사외 사람들을 배려하는 환경(Environment)을 추가시켜야 한다.

기업은 최고의 제품을 사회에 제공한다는 기업 책임을 갖고 있다. 하지만 이 전제는 어디까지나 안전보건이 확보된 작업 현장에 한해서이다. 안전보건이 확보된다면 'S, Q, C, D' 그리고 'E'도 반드시 달성할 수 있다. 전원이 일체가 되어 최선을 다해주길 바란다(제1장 그림 1-14 참조). 지금까지 살펴봤던 '임무(Mission)'에 대응하는 다섯 가지의 'M'에 '추진력(Momentum)'을 추가하여 진행해도 좋을 것이다.

깊게 파려면 우선 넓게 파야 한다

알 만한 사람은 다 아는 '도고 토시오(土光敏夫, 히로히토 덴노 시대 일본의 엔지니어이자 실업가로 이시가와지마 하리마 중공업[石川島播磨重工業] 사장, 토시바[東芝] 사장 및 회장 역임)' 씨가 회의석상에서 했던 말이다.

"우물을 깊게 파려면 우선 넓게 파야 한다."

자칫 전문가라고 하면 '깊고 좁게' 되기 쉽다. 자신의 전문이라고 하는 분야에 대해서는 깊이 이해하고 있지만, 주위의 것에는 그다지 관심이 없다. 진정한 전문가는 가까운 이웃의 영역도 이해하여 종합적인 판단을 내릴 줄 알아야 한다.

또한 2001년 노벨화학상을 받은 이화학연구소 이사장 '노요리 요지(野依良治, 일본의 화학자)' 씨는 이제부터 스페셜리스트는 'I'형 인간이 아니라 'T'형 인간이 될 것이라 하였다. 즉, 스페셜리스트라고 불리어지는 사람은 좁고 깊은 것보다, 넓고 깊은 것을 추구하여야 한다는 것이다.

현장안전관리자도 세계의 움직임, 소속 기업의 실태, 그리고 무엇보다도 '물건 만들기' 현장의 실태 등 자기 자신을 둘러싼 모든 현상을 넓은 분야에 걸쳐 파악하고, 그 가운데에서 무엇을 해야 할지에 대해 확인하고 행동하는 것이 중요하다.

제4장
발상의 전환

1. 안전의 확보를 통해 리스크 저감으로

앞에서 자주 설명한 것처럼 'ISO 12100'의 제정을 계기로 현장에서 안전에 대한 인식이 크게 변화하고 있다. 예전에는 노동안전보건법에서 정한 최소한의 기준을 지키고, 최근 몇 년동안 사고·재해가 발생하지 않고 있으며, 작업 현장의 자주 활동을 다양하게 실시하고 있다면, 작업 현장은 안전하다고 생각해왔다.

그러나 사고·재해만 없다면 안전한 작업 현장이라고 말할 수 있을까? 메이지 대학의 무카이도노 마사오(向殿政男) 교수는 그의 저서에서 국제적인 안전에 대한 사고를 다음과 같이 기술하고 있다.

'기계 안전 분야에서 이 기계는 지금까지 고장난 적이 없기 때문에 안전하다는 것과 위험 가능성이 있는 부분을 모두 예측하여 예방 수단을 실시하고 있기 때문에 안전하다는 것은 안전 레벨이 다를 수밖에 없다. 기계 안전을 안전 레벨의 측면에서 말하자면, 일본은 전자의 레벨을 가장 안전하다고 생각하는 경향이 있지만, 국제적으로는 후자의 레벨을 가장 안전하다고 말하고 있다'(중재방 신서《잘 알 수 있는 리스크 어세스먼트》무카이도노 마사오 저서에서 발췌)

최근 여러 안전에 관한 해설을 보면 기계에 국한하지 않고 모든 작업 현장에 존재하는 리스크를 낮추려고 노력하지만, 잔류 리스크는 존재하여 '절대 안전'이라는 것은 있을 수 없다고 설명하고 있다. 더욱이 리스크를 저감시키기 위해 최소한의 기준을 지키려는 소극적인 생각이 아니라, 현재의 기술을 바탕으로 더욱 더 적극적으로 리스크의 저감 방법을 발전시키려 하고 있다. 이러한 생각은 앞으로 더 확대될 것이다(그림 4-1).

일례로 현재 안전 장치나 안전 보호구라고 하는 호칭을 더 이상 사용하지 않는다. 보호구를 착용함으로써 안전이 보장된다는 오해를 불러일으킬 소지가 있기 때문이다. 안전 장치 중 기계에 부착하는 것을 방호 장치, 인간에게 부착하는 것을 보호 장치라고 설명하고 있다.

본질 안전화란 '페일세이프(fail-safe)[10] 기능'과 '풀프루프(fool-proof)[11] 기능'을 모두 겸비한 것을 뜻하지만, 페일세이프라는 것은

---

10 기계가 고장났을 경우, 그대로 사고, 재해로 연결되는 일이 없이 안전을 확보하는 기구 - 옮긴이
11 기계에 대해서 어리석은 사람, 즉 표준작업, 기계의 위험성 등을 이해하지 못한 사람이라도 어떤 조작을 실수하지 않도록 하는 장치 - 옮긴이

발상의 전환

안전의 확보		리스크의 제거 · 저감

'절대 안전'은 존재하지 않는다   리스크를 얼마나 저감시킬 것인가

안전이란	리스크란
• 받아들일 수 없는 리스크가 없을 것 (ISO/IEC Guide 51) Freedom from unacceptable risk • 사람에게 위해 또는 손상을 줄 위험성 이 허용 가능한 수준으로 억제되어 있 는 상태(JIS Z 8115)	• 위해 발생 확률과 위해 정도의 조합 (ISO/IEC Guide 51) • 위험하고 유해한 사상이 발생할 가능성 과 그 사상에 기인하여 부상 또는 건강 장해 정도와의 조합(ILO 노동안전보건 매 니지먼트 시스템 가이드라인 2001-1 채택)

그림 4-1 리스크의 저감

믿을 수 없을 것 같다.

우리들의 가까운 주변만 보더라도 다양한 기계 · 설비들이 있다. 또한 일상 생활을 보아도 자가용, PC 등 많은 가전제품들이 있다. 그렇지만 이런 가전제품에도 저마다의 리스크가 있고, 그 리스크를 저감하기 위한 대책이 강구되어 있기 마련이다. 그런데 이러한 안전 대책을 무의식중에 잊어버리고, 이 기계 · 설비, 전자제품은 안전한 것이라고 생각해버린다. 이것을 이른바 '정상화의 편견'이라고 한다. 이러한 안전장치가 어떤 계기로 인해 정상적으로 가동되지 않을 때 결국 대형 사고가 발생하고 마는 것이다.

영국의 심리학자 제임스 리즌(James Reason)이 제안한 '스위스 치즈 모델'이라는 것이 있다(그림 4-2). 앞서 소개한 구로다 박사는

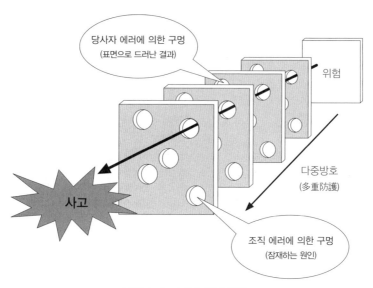

당사자 에러에 의한 구멍
(표면으로 드러난 결과)

위험

다중방호
(多重防護)

사고

조직 에러에 의한 구멍
(잠재하는 원인)

그림 4-2 스위스 치즈 모델
중재방 《안전 문화의 창조》 구로다 이사오 저서에서 발췌

그의 저서에서 이 이론에 대해 다음과 같이 해설하고 있다.

 '높은 안전성을 요구하는 시스템에서는 위험에 대응하기 위해 다중방호나 심층방호라고 하는 몇 개의 중복된 안전 방호벽이 설치되어 있다. 그런데 각각의 벽은 결코 완벽하지 않다. 때때로 구멍이 뚫려 버리는 경우도 있다. 스위스 치즈를 얇게 자른 것처럼 방호벽에도 잠재적인 구멍이 뚫려 있기 때문에 가끔 그 구멍이 일치했을 때 믿을 수 없는 대형 사고가 발생하는 것이다.'

 이러한 다중방호의 함정의 예로 다음과 같은 항목들을 열거할 수 있다.

- 작은 트러블이 방호벽에 존재하고 장기에 걸쳐 축적된다
- 현장도 관리자도 안도감에 빠져서 트러블에 대한 위기감이 둔해진다
- 시스템이 복잡해져서 공통 모드 고장[12]의 가능성이 점점 증가한다
- 드물지만 중대 시스템의 붕괴가 발생한다

우리들 주위에는 헤아릴 수 없을 만큼 잠재적인 위험 요인들이 많이 있다. 이것을 해저드(hazard)라고 한다. 이 해저드가 현재화(顯在化)되었을 때 위해가 발생하는 것이다. 이 위해라고 하는 것을 리스크라고 하며, 리스크는 '위해의 발생 확률과 위해의 심한 정도의 조합'이라고 정의되고 있다.

이 리스크를 사전에 평가하고 책정하는 것이 리스크 어세스먼트이다. 안전의 확보를 다시 한 번 검토하여, 리스크를 저감하는 방법에 있어 발상의 전환이 필요하다.

---

12 두 개 이상의 기기 고장이 동일한 원인으로 발생하는 것. 공통 원인 고장이라는 것이 더 어울리는 용어이다.

2. 조직 개혁에 대한 제안

현재 대부분의 기업에서는 'ISO 9000 시리즈'의 인증을 취득하고 있다. 'ISO 9000 시리즈'는 제품이나 서비스를 제공하는 경우에, 거래의 대상이 되는 제품이나 서비스가 만족시켜야 할 기능 및 성능과 디자인 등의 기술적인 조건을 명확히 하는 것과 더불어 그것을 만들어 내는 프로세스의 관리 방법을 고려해서 시스템을 구축한 후 공급자와 소비자 사이에서 품질을 보증하는 것이다. 또한 이를 위해 품질을 평가하는 구조를 구축하여 관리하는 일련의 매니지먼트 시스템이다.

한편 'ISO 14000 시리즈'도 많은 기업들이 도입하고 있다. 제품이나 제조 공정, 서비스로 인한 환경 파괴를 최소한으로 저지하고, 환경에 미치는 영향을 가능한 한 제거하려고 하는 대응이 국제적으로 진행되고 있다.

이렇듯 ISO 9000(품질)과 ISO 14000(환경)을 속속들이 도입하는 것에서 알 수 있듯이, 세계적으로 제품 규격, 환경 대책 등에 있어 '표준화'의 움직임이 가속화되고 있다. 이러한 시대 속에서 안전보건 분야에 대한 표준화로 등장한 것이 바로 노동안전보건 매니지먼트 시스템(OSHMS)이다.

그런데 이 세 가지의 구조를 자세히 보면, 서로 공통된 부분이 많다는 점을 발견할 수 있다. 사업자의 방침 표명, 'PDCA' 사이클, 작업의 표준화, 체제의 정비, 문서화, 감사 등 그 관리 시스템은 거의 동일하다.

고객이라고 하는 사람을 대상으로 하고 있다는 점에서도 공통된다. 기업 외부에 있는 사람들에 대한 환경 문제, 기업 내부에 있는 직원의 안전보건의 확보 등 모두가 최종적으로는 '사람(하트 측면)'을 대상으로 한 관리 시스템이다.

한편 이러한 관리 시스템을 구축함에 있어서 사무국이 상당한 인원을 포함하고 있다는 것과 문서화를 해야 하는 것이 현장의 관리자(작업 현장 클래스)에게 상당한 부담으로 작용한다. 각각의 사무국에서 지시나 정보를 라인으로 보내고, 이 정보를 받아 라인이 행동하는 방식이기 때문이다. 그런데 자세히 보면 이러한 지시 가운데에는 공통되는 것이 적지 않다는 점을 발견할 수 있다.

결국 라인의 감독자(작업 현장) 클래스의 관리자들은 공통된 이야기지만 뉘앙스 차이와 각각의 사무국이 다르다는 이유만으로 동일한 문서를 몇 번이고 작성하는 경우도 있다. 정기적으로 실시되는 시스템 감사의 경우에도 사전 준비를 하기 위해 감독자는 대소동을 벌인다. 물론 사무국 입장에서도 큰일이지만, 직접 일상의 관리 감독을 수행하고 있는 라인의 부담도 상당할 것이라는 것을 헤아려야 한다.

최근 환경 관리와 안전보건관리는 공통된 부분이 많다는 점을 착안하여 기업 내 조직을 일체화하려는 움직임이 있다. 즉, '환경 · 안전 담당', '환경 · 안전보건관리부' 등을 설치하는 것이다. 기업에서 추진하는 성인화나 조직의 간소화도 목표에 맞는 좋은 조직 개혁이라고 생각되지만, 품질 부문의 일체화도 다시 한 번 생각해볼 필요가 있다.

현재 기업은 'S(Safety), Q(Quality), C(Cost), D(Delivery)' + 'E(Environment)'의 일체화를 추진해야 하는 상황에 직면해 있다(제1장 그림 1-14 참조). 이를 위해 조직 역시 한층 더 일체화되어야 할 것이다. 이렇게 된다면 현장의 관리자(작업 현장 클래스)의 거부 반응도 완화될 것으로 기대된다(그림 4-3).

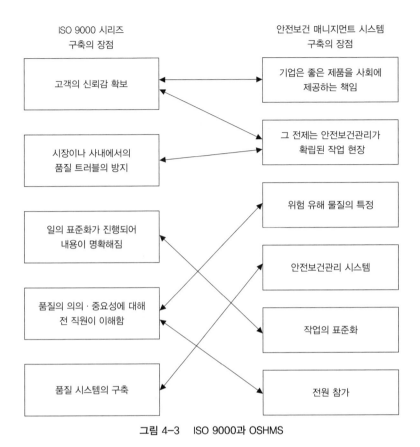

ISO 9000 시리즈
구축의 장점

안전보건 매니지먼트 시스템
구축의 장점

고객의 신뢰감 확보

기업은 좋은 제품을 사회에
제공하는 책임

시장이나 사내에서의
품질 트러블의 방지

그 전제는 안전보건관리가
확립된 작업 현장

일의 표준화가 진행되어
내용이 명확해짐

위험 유해 물질의 특정

품질의 의의 · 중요성에 대해
전 직원이 이해함

안전보건관리 시스템

품질 시스템의 구축

작업의 표준화

전원 참가

그림 4-3   ISO 9000과 OSHMS

청류무간단 벽수부증조(淸流無間斷 碧樹不曾凋)

"깨끗한 시냇물이 세차게 끊이지 않고 흐르고, 소나무나 동백나무 같은 상록수는 언제나 파릇파릇하게 시들지 않는 구나."

"모든 일에 진심을 다해 대처하면 심법(마음 쓰는 법)은 정지하는 법이 없고, 푸른 물과 같이 생생하게 막힘이 없으며, 그 동안에도 이완되지 않고 단절도 되지 않는다."

모든 일에 진심으로 정성을 담아 몰두하는 것은 참으로 어려운 일이라고 생각한다. 그러나 현장안전관리자는 직원의 생명을 책임지고 있다는 신념을 바탕으로 끊임없이 그리고 막힘없이, '재해제로'의 실현을 향해 묵묵히 준민하게 행동할 뿐이다.

현장안전관리자 여러분, 오로지 목적을 향해 힘차게 돌진해보지 않겠습니까?

제5장

재해제로운동이 한층 더 발전하기를

1. 재해제로운동 30년

2003년 10월 나고야 시에서 개최된 전국 안전보건대회에서 제로제해운동 30주년 기념식이 있었다. 1973년에 같은 나고야 시에서 개최된 전국 대회에서 제창된 재해제로운동이 30년간 그 명맥을 이어온 것이다. 저자는 이에 정말 기뻤고, 쾌재를 부르고 싶은 마음이 들었다.

전국의 많은 기업에서 실시되고 있던 재해제로운동은 '제로의 원칙, 선취의 원칙, 참가의 원칙'이라고 하는 3원칙의 이념, '탑의 경영자세, 라인화의 철저, 작업 현장 자주 활동의 활성화'라고 하는 추진의 3축, 그 수단으로 KYT, 이렇듯 이념, 추진, 수단(수법)이 삼위일체가 되어 진행되는 운동이다(그림 5-1, 5-2).

이 운동은 '그 무엇으로도 대체할 수 없는 소중한 존재는 사람이

제로의 원칙
인간 한 사람 한 사람을 '대체할 수 없는 사람'으로서 소중히 하고, 이를 위해 일하는 사람의 안전과 건강을 확보하며, 어떤 일이 있더라도 그 잠재 요인에서 오는 사고 · 재해를 제로(0)로 하려는 것

선취의 원칙
사고 · 재해가 일어나기 전에 작업 현장이나 작업의 잠재 위험의 싹을 뽑아 내어, 안전과 건강을 선취하려는 것

참가의 원칙
안전과 건강을 선취하기 위해 최고경영자에서 작업자에 이르기까지 모두가 일치 협력하여 재해제로운동에 참가하려는 것

그림 5-1 재해제로운동 이념 3원칙

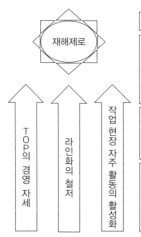

추진의 3축

TOP의 경영 자세
재해제로의 실현은 '일하는 사람은 그 누구도 부상을 당하지 않도록 한다'는 TOP의 의연하고, 엄격하며, 진심을 담은 경영 자세에서 시작되는 것

라인화의 철저
작업 현장에서 생산활동을 할 때 안전보건활동을 일체화하기 위해 전원이 솔선수범하여 대응하고 실천하는 것

참가의 원칙
작업 현장에서 일할 때 위험한 것은 위험하다고 인지하여 자주적으로 의욕을 갖고 안전활동을 실천하고, 이를 위해 작업 현장의 자주 활동을 활성화시키는 것

그림 5-2 재해제로운동 추진의 3축

다'라는 인간 존중의 이념이 밑바탕에 깔려있다. 팀워크를 중시하며, 모두가 진심으로 서로 소통하고, 서로 이해하여 작업 현장의 문제를 해결하려는 것이다.

작업 현장의 인원 구성이 변화하면서 사람과 사람과의 관계가 자 칫하면 멀어지게 된다. 이로 인해 휴대 전화나 메일 교환 등의 필 요한 정보를 주고받는 최소한의 것을 커뮤니케이션이라고 생각하 고 있다.

그러나 커뮤니케이션은 서로의 '마음'을 생각하는 것이 근본이다. 역시 얼굴을 마주보고 눈을 마주치며 논의하는 것이 마음을 담은 커뮤니케이션이라고 생각한다. 인간에게는 희로애락이 있다. 이 희 로애락이 가장 확실하게 드러나는 곳이 얼굴이다. 그러므로 서로의 희로애락을 피부로 느끼면서 대화하는 것이 중요하다고 생각한다.

재해제로운동의 근본은 바로 여기에 있다. 많은 것을 이해할 수 있는 최고경영자, 관리자, 그리고 무엇보다도 작업 현장에서 일하는 한 사람 한 사람이 진심을 다해 추진했기 때문에 이 운동이 30년 이라는 긴 세월 동안 계승될 수 있었다. 작업 현장 환경의 변화, 특 히 인원 구성의 변화가 현저하게 나타나는 지금이야말로 '재해제로 운동'이 필요한 시기가 아닐까 생각한다.

2. 재해제로와 'PDCA'

이 운동이 제창되었을 당시와 비교해봤을 때, 우리를 둘러싼 환경은 크게 변화하고 있다. 이 변화에 맞춰 재해제로운동도 재검토해야 한다고 생각한다. 이에 대해 먼저 재로재해운동과 'OSHMS'의 구조를 일체화시키는 방안을 생각해볼 수 있다. 즉, 재해제로운동을 'PDCA'의 사이클로 순환시키는 방법을 생각해보는 것이다.

여기서 다시 한 번 'PDCA'의 사이클에 대해서 정리해보겠다.

▼ Plan — 계획을 세운다

- 목표를 확실히 정한다

- 어디까지 할 것인지, 범위를 결정한다

- 어떻게 할지, 방법을 결정한다

- 전문가의 역할을 정한다

▼Do — 계획대로 실시한다

- 결정한 것을 전원이 실시한다

- 미숙련자도 함께 동참시켜 팀워크를 중시하며 실시한다

▼Check — 결과를 확인한다

- 결과를 보고, 계획대로 되고 있는지 확인한다

- 계획했던 목표와 비교해본다

▼Act — 처리한다

- 목표한 결과가 나왔다면, 그 상태를 계속 유지하기 위해 해야
  할 일을 생각한다

- 목표를 달성하지 못했다면, 그 이유에 대해 생각해보고 개선책
  을 마련하여 다음 계획에 반영한다

예전에는 재해제로운동이 단순히 회사 내 활동으로 인식되어 왔기 때문에 조직적이고 체계적으로 추진하기가 힘들었다. 바로 이 부분을 'PDCA' 사이클로 정리하는 것이다. 기업 혹은 작업 현장의 경영 계획에 재해제로운동을 확실히 집어넣는 것이다. 그러기 위해

서는 'OSHMS'라고 하는 각급 관리자의 임무와 책임을 명확히 해야 한다.

단순히 KYT를 몇 회 했다는 것이 아니라, KYT를 실시하기 위해 어디를 어떻게 해야 할지, 지적 확인을 정착시키기 위해 무엇을 어떻게 해야 할지를 추진 계획 안에 명확히 정해야 한다.

"매일 동일한 작업이기 때문에 KYT를 하고 있어도 언제나 같은 대답이다.", "지적 확인을 해도 효과는 알 수가 없다." 등의 의견이 자주 나온다. 우리 주위에는 리스크가 엄청나게 많다는 것을 다시 한 번 상기할 필요가 있다. 작업 현장의 인원 구성도 하루하루 변화하고 있다. 'KYT'와 '지적 확인'의 체계적인 대응과 팔로우업의 방법들을 연구하여, 이를 기업의 조직 활동으로 재해제로운동에 정착시켜야 한다. 이렇게 된다면 앞서 이야기한 의견들을 불식시킬 수 있다.

3. KYT와 리스크 어세스먼트

앞장에서 언급했듯이, 작업 현장의 위험 요인을 특정하여 사고 · 재해를 예방하는 수법으로 KYT와 리스크 어세스먼트가 있다고 했다. 하지만 '이들을 어떻게 양립시키고, 또한 어떻게 구분하여 사용할 것인지'가 또 하나의 과제이다. KYT는 지금부터 하려는 작업에 대한 논의(주로 작업자 레벨)를 통해 위험 요인을 발견하고, 대화로 행동 목표를 결정하여, 지적 확인을 통해 위험을 선취하는 것이다.

따라서 기본은 작업 절차서에 있다. 작업 순서를 정하는 방법으로 작업을 개시하지만, 그 작업을 실시하기 위한 환경 조건이 있다. 어떠한 상태에서 그 작업을 실시하였을 때, 어떠한 현상이 일어나는지를 의논하고 함께 생각하는 수법이다. 그렇기 때문에 KYT의 대책은 주로 작업자의 행동 측면에서 위험을 회피하기 위한 방법이 중심이 된다. 지금부터 하려고 하는 작업에 대한 것이므로 '단시간에, 언제든, 어디서든'이 KYT에서 요구된다.

한편 리스크 어세스먼트는 잠재하는 위험 유해 요인을 체계적으로(수치적으로) 발견하여, 그 리스크를 평가하고 평가 결과에 따라 대책의 우선순위를 명확히 정하여 리스크를 저감 또는 제거한다는 것이다. 따라서 그 제도를 회사에서 정하고, 그 제도에 의거하여 주로 관리자 레벨에서 실시한다. 당연히 이 제도는 실행하는 데에 시간이 걸린다. 또한 대책은 단순히 설비적인 개선에 국한되지 않고 작업 방법의 개선, 필요한 인원 배치, 교육이나 시스템 등의 관리 제도까지 이르게 한다. 따라서 비용 또한 발생할 수 있다.

이와 같이 KYT와 리스크 어세스먼트는 선취하고자 하는 공통적인 목적 안에서 그 차이를 명확히 하면서 양립시키는 것이다. 따라서 이 두 개의 수법에 공통된 사항이 있다는 점을 잊어서는 안 된다.

공통점은 '어떻게 해서 현상을 파악할까'라는 점이다. 'KYT'에서는 '어떠한 위험이 잠재하고 있을까'라는 질문을 하고, 모두가 이러한 상태이기 때문에, 이러한 행동을 했을 때, 이러한 현상이 발생한다는 것을 논의한다. 리스크 어세스먼트도 이와 동일하게 처음에 위험 요인을 파악한다. 하지만 파악에 있어서 이러한 현상이기 때문에, 작업자가 이러한 행동을 하였을 때, 이러한 위험 상태가 되어, 이러한 현상이 발생한다는 것을 조사한다.

둘 중 어느 것일지라도 상태와 행동, 그 결과의 현상을 정확하게 인식하는 것이 중요하다. 대책을 먼저 의식하면서 현상을 파악하는 것이 아니라, 예상되는 모든 위험 요인을 모두 끄집어내는 것이 중요하다.

KYT에서는 모두가 참여하여 논의를 통해 위험 요인을 좁혀가면서, 리스크 어세스먼트를 통해 현상의 가능성과 중대성을 수치로 나타내어 각각 리스크 레벨을 결정한다. 리스크 레벨이 결정되면 대책의 우선순위가 결정된다. 다음으로 대책을 생각하게 되는데 이때 수법으로 노동안전보건법에서 규정한 작업 현장(현장 감독자) 교육 20항목을 사용하는 것이 편리하다.

이른바 안전보건 20개의 열쇠라고 불린다. 대책을 강구할 때 이것을 이용하면 관리적인 항목도 대부분 해결된다. 따라서 이 항목들을 통해 대책을 정하는 과정에서 누락이 발생하는 것을 막을 수 있다고 생각한다(그림 5-3, 5-4 참조).

이와 같이 KYT와 리스크 어세스먼트의 공통점과 차이점을 명확히 한 뒤, 양립시켜 재해제로운동과 OSHMS와의 일체화 추진이 완성될 수 있다.

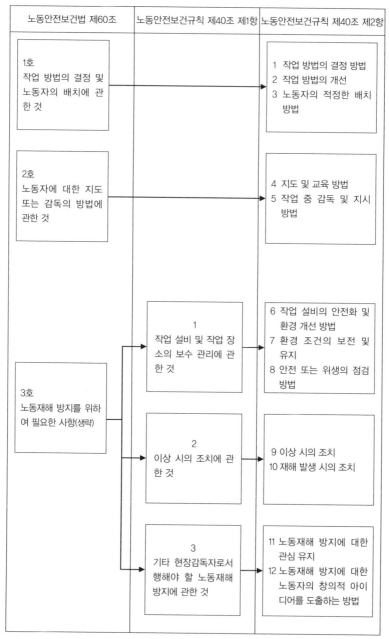

노동안전보건법 제60조	노동안전보건규칙 제40조 제1항	노동안전보건규칙 제40조 제2항
1호 작업 방법의 결정 및 노동자의 배치에 관한 것		1 작업 방법의 결정 방법 2 작업 방법의 개선 3 노동자의 적정한 배치 방법
2호 노동자에 대한 지도 또는 감독의 방법에 관한 것		4 지도 및 교육 방법 5 작업 중 감독 및 지시 방법
3호 노동재해 방지를 위하여 필요한 사항(생략)	1 작업 설비 및 작업 장소의 보수 관리에 관한 것	6 작업 설비의 안전화 및 환경 개선 방법 7 환경 조건의 보전 및 유지 8 안전 또는 위생의 점검 방법
	2 이상 시의 조치에 관한 것	9 이상 시의 조치 10 재해 발생 시의 조치
	3 기타 현장감독자로서 행해야 할 노동재해 방지에 관한 것	11 노동재해 방지에 대한 관심 유지 12 노동재해 방지에 대한 노동자의 창의적 아이디어를 도출하는 방법

그림 5-3 노동안전보건법에서 정한 직장(현장감독자) 교육

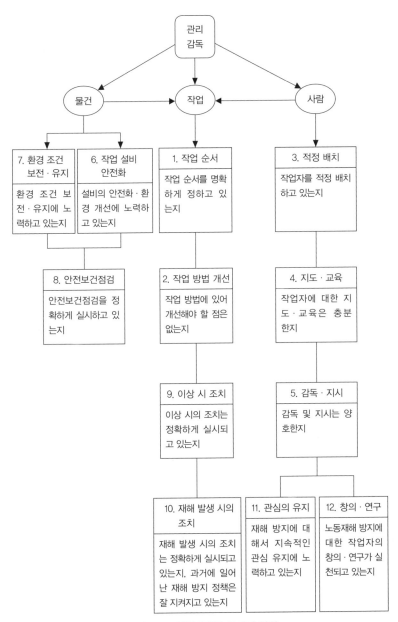

그림 5-4 안전보건의 12가지 열쇠

4. 재해제로운동이 한층 더 발전하기를

재해제로운동은 누구 한 사람이라도 부상을 당하게 해서는 안 된다는 인간 존중의 이념으로 팀워크를 소중히 하기 위해 논의하고 납득하는 활동이다. 특히 사람 문제, 작업 방법의 변화, 새로운 기술의 도입 등으로 변화가 많아지는 시대에서 이처럼 뛰어난 운동은 없다.

이와 같은 신념을 가지고 새로운 시대 속에서 새로운 재해제로를 위한 대응을 실천했으면 한다. 그리고 이 재해제로운동이 40년, 50년 이어지기를 기원한다(그림5-5).

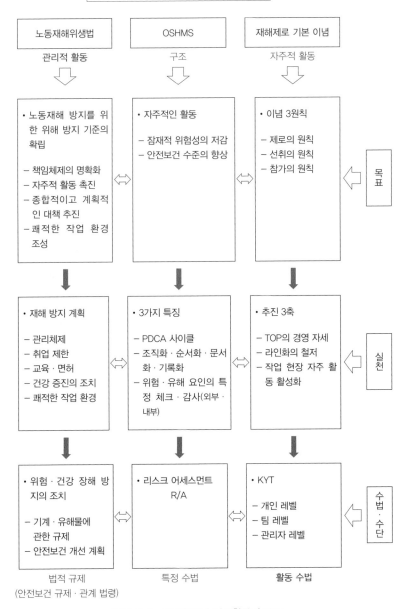

그림 5-5 관리활동과 자주활동의 구조

동영고송수(冬嶺孤松秀)

'깊은 눈에 덮인 산봉우리 위에 잡목이나 풀은 모두 색이 바래고, 눈에 묻히고 바람에 굴복하고 말았는데, 단지 한 그루의 노송만은 조금도 푸르름을 잃지않고 선명하게 우뚝 솟아, 차가운 바람에 기죽지 않고 당당하게 서 있네'

긴 세월의 풍설을 아랑곳하지 않고, 풍격(風格)을 끝까지 지켜내고 있는 노송의 모습, 이 얼마나 아름다운 모습인가!

현장안전관리자는 다양한 정보, 질타, 고충, 걱정 등으로 인해 때로는 어려운 환경에 직면한다. 그렇지만 위풍당당한, 의연한 태도를 유지하면서, 한편으로는 인간 한 사람 한 사람을 소중히 하는 애정을 가지고, 스스로 추진하려는 의욕에 불타서, 하루하루 연찬(研鑽)하여 주기를 바란다.

맺음말

작업 현장에서 불행한 사고 · 재해를 한 건이라도 없애고 싶어 '내 나름대로 가능한 것이 무엇일까' 하는 생각으로 사고 · 재해 방지 노력을 지속해왔다. 그래서 일념발기(一念發起)해서 집필한 것이 이 책이다. 일단 좋은 취지로 쓰기 시작하기는 했는데, 익숙한 작업이 아니어서 좀처럼 생각대로 진행되지 않아 마음만 초조해지는 하루하루였다.

이 책을 되풀이해서 읽다 보면, 동일한 사항, 동일한 표현이 여기저기에 나타난다. 즉 시대의 변화, 자동화, 표준화, KYT, 리스크 어세스먼트, 하드 · 소프트 · 하트 등이다. 실은 이것들을 내가 가장 강조하고 싶었기 때문에 다양한 측면에서 이야기한 것이다. 반복하고 반복해서 읽다 보면 내가 의도하는 것을 이해할 수 있을 것이라 생각한다. 작업 현장에서 안전활동의 묘약은 없다고들 하지만, 시대의 변화에 맞춰 안전활동을 보다 다양한 측면에서 생각해보는 것이 중요하다고 생각한다.

이 책을 집필하기 위해 많은 분들의 서적, 논문 등을 참고하여 자료를 인용하였다. 그중에는 내 판단대로 해석을 더한 것도 있어, 이분들에게 야단을 맞을지도 모르겠다. 부디 박학(薄學)한 저를 용서해주시길 바란다.

또한, '중앙노동재해방지협회'의 각종 인쇄물에서도 정보를 얻었다. 인용한 것들은 본문 중에 언급하였지만, 그 외는 참고 문헌으로 정리하였다. 참고한 인쇄물 가운데 동일한 내용일 경우에는 가능하면 '중앙노동재해방지협회'가 발행한 것을 인용하였다. 이는 자료들을 독자가 직접 읽는 것이 상당히 도움이 되기 때문에 보다 쉽게 구할 수 있다는 측면을 고려한 것이다.

다만, 재해제로운동 핸드북과 'RST(Roudosyo Safety and health education Trainer) 강좌 텍스트'에 대해서는 텍스트를 읽기보다는 꼭 연수나 강좌에 참가할 것을 권장한다. 그리하여 참가한 사람들과 정보를 교류하거나 토의를 하는 것이 텍스트를 읽는 것보다 얻을 점이 더 많다고 생각한다.

이 책을 집필하면서 '중앙노동재해방지협회'의 사업추진부장 사사키 토오루(佐々木徹) 씨, 동부서 전문역 안도 마치코(安藤眞知子)

씨에게 많은 지도를 받았다. 특히 안도 씨에게는 편집부터 교정 등 세부적인 면까지 도움을 받아 일방적으로 신세를 지게 되었다. 이 자리를 빌어서 모두에게 깊은 감사를 드린다.

히구치 이사오(樋口勲)

참 고 문 헌

黒田 勲 「信じられないミスはなぜ起こる」 中災防新書

向殿政男 「よくわかるリスクアセスメント」 中災防新書

正田 亘 「危険と安全の心理学」 中災防新書

杉本 旭 「機械にまかせる安全確認型システム」中災防新書

小林 實 「なぜ起こす交通事故」 中災防新書

長町三生 「安全管理の行動科学入門」 中災防

芳賀 繁 「うっかりミスはなぜ起きる」 中災防

丸山康則 「いきいき安全学」 中災防

橋本邦衛 「安全人間工学」 中災防

大関 親 「新しい時代の安全管理のすべて」 中災防

「労働災害分類の手引」 中災防

「新・産業安全ハンドブック」 中災防

ゼロ災推進部 「ゼロ災運動推進者ハンドブック2002」中災防

「安全衛生教育センター RST講座テキスト」 中災防

中條武志 「ISO 9000の知識」 日本経済新聞社

松田亀松 「QCのことがわかる本」 日本実業出版社

「茶席の禅語」 淡交社

芳賀幸四郎 「禅語の茶掛 一行物」 淡交社

有馬頼底監修 「茶席の禅語大辞典」淡交社

안전 한국 8
작업 현장의 안전 관리

펴   냄   2016년 1월 20일 1판 1쇄 박음 | 2016년 2월 5일 1판 1쇄 펴냄
지 은 이   히구치 이사오
옮 긴 이   조병탁, 이면헌
펴 낸 이   김철종
펴 낸 곳   (주)한언
등록번호   제1-128호 / 등록일자 1983. 9. 30
주   소   서울시 종로구 삼일대로 453(경운동) KAFFE 빌딩 2층(우 110-310)
            TEL. 02-723-3114(대) / FAX. 02-701-4449
책임편집   이정훈
디 자 인   정진희, 이찬미, 김정호
마 케 팅   오영일
홈페이지   www.haneon.com
e - m a i l   haneon@haneon.com

ISBN 978-89-5596-747-0 04500
ISBN 978-89-5596-706-7 04500(세트)

「이 도서의 국립중앙도서관 출판예정도서목록(CIP)은 서지정보유통지원시스템 홈페이지
(http://seoji.nl.go.kr)와 국가자료공동목록시스템(http://www.nl.go.kr/kolisnet)에서
이용하실 수 있습니다.(CIP제어번호: CIP2016000876)」

'인재NO'는 인재人災 없는 세상을 만들려는 (주)한언의 임프린트입니다.